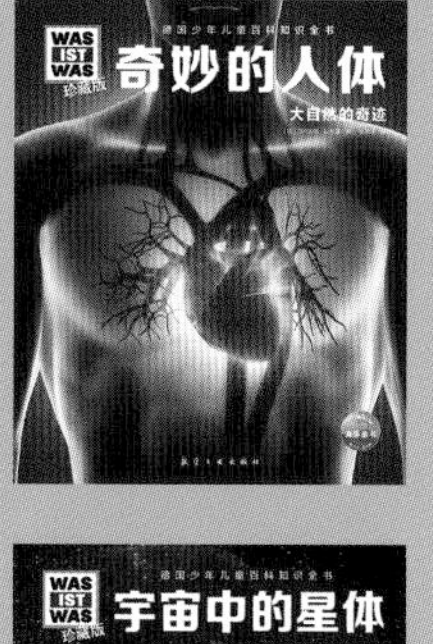

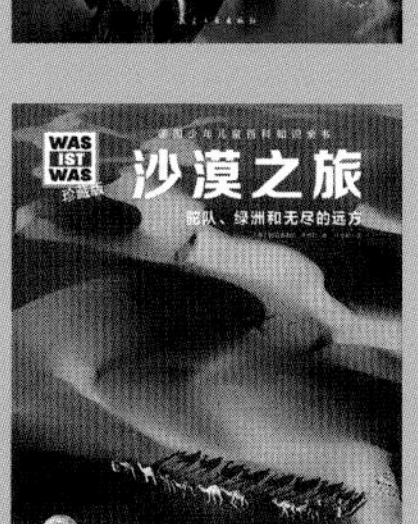

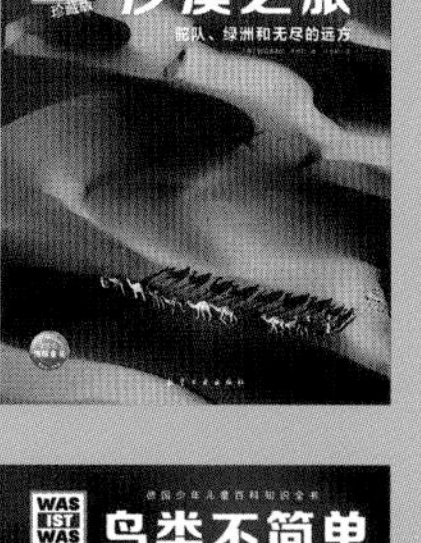

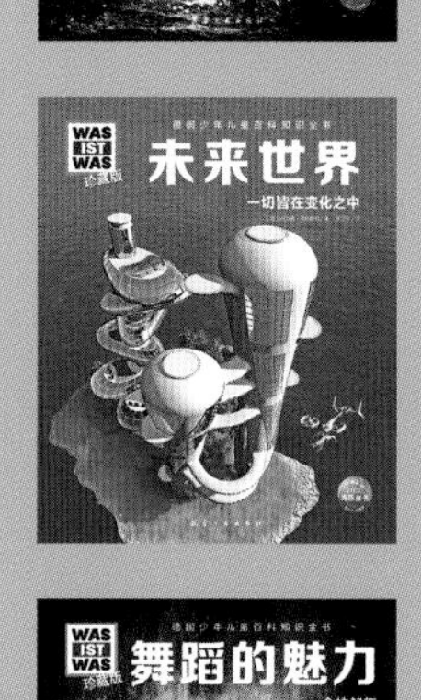
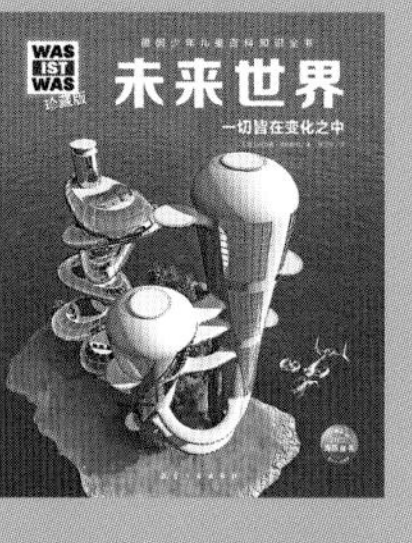

学习源自好奇　科学改变未来

第一辑·全10册
- 未来能源
- 探索月球
- 神奇地球
- 神秘机器人

第二辑·全10册
- 奇妙的人体
- 深海之谜
- 太空之旅
- 走进热带雨林

第三辑·全10册
- 宇宙中的星体
- 伟大的发明
- 神奇的火车
- 沙漠之旅

第四辑·全10册
- 显微镜探秘
- 野生动物
- 奇趣萌宠
- 鸟类不简单

第五辑·全10册
- 神秘的古埃及
- 印第安人
- 伟大的探险家
- 未来世界

第六辑·全10册
- 蛇的故事
- 考古探秘
- 马的生活
- 舞蹈的魅力

第七辑·全8册
- 生物质资源　2023 NEW
- 石器时代　2023 NEW

德国少年儿童百科知识全书

熊的秘密生活

棕熊、大熊猫、北极熊

[德] 雅丽珊德拉·麦耶尔 / 著　马佳欣 / 译

航空工业出版社

方便区分出
不同的主题！

真相大搜查

4 小心！熊出没！

符号▶代表内容特别有趣！

16 欧洲也有一种现存的野生棕熊：欧洲棕熊。

12 大型熊的生活

18 你知道吗？北极的“国王”——北极熊，是出色的游泳健将。

10 伪装者：这些根本不是熊！

20 大多数大熊猫在自然保护区内进行野外生活。

35 来一起了解下小熊猫和它们的生活方式吧!

29 了解一下为什么很小的熊就要学习攀爬吧!

许多浣熊喜欢在树上待着，这让它们感觉特别舒服。 33

重要名词解释!

47 你知道和熊相关的谚语吗？它们都出自哪儿?

野生熊的世界

对诺艾米·特雷斯特来说，晚间的休息最迟在早上8点结束。然后，这位23岁的士瓦本姑娘会和库特瑞伏熊收容所里的熊一起开始新的一天。这个收容所位于克罗地亚韦莱比特山中部。诺艾米是一名特殊教育专业的师范生，她的专业其实同这些四足朋友们并没有什么关系，但她就是为这些动物着迷！所以，她多次来到库特瑞伏，并且在2016年春天的时候在熊保护站做了为期一个月的志愿者。

我们可以看到图片上的诺艾米在伊万·康威奇·帕文卡的旁边，他是熊收容所的负责人。

棕熊收容所

这家棕熊收容所成立于2002年，目的是为了给失去父母的小棕熊建立一个新家，一开始这里只有4只熊。后来，这里陆续有一些曾经生活在条件恶劣的动物园里的棕熊迁进来居住。这样一来，熊收容所的规模就慢慢变大了。到了2016年春天，共有9只棕熊在这里生活。这里共有5个围栏，可以为它们提供更大的生活空间。它们可以在草地上小跑，在地上挖土，甚至还可以在水中嬉戏玩耍。这里欢迎游客参观，参观步道与熊的生活区被围栏隔开，尽管如此，你也能够大饱眼福！有时候，我们也需要一些时间去发现这些熊，特别是当它们在灌木丛中小睡时。“但当游客来参观时，这些动物通常会变得非常好奇，并且会仔细打量这些人”。诺艾米说道。

这些围栏为熊提供了休养的场所。

库特瑞伏收容所位于克罗地亚西部的韦莱比特山中。

在这里，人们很少会觉得无聊，每个人都可以找到很多事情做。

禁止拥抱

收容所里的棕熊可不是毛绒玩具，所以这里严格禁止抚摸它们。“有一点很重要，棕熊在围栏里的空间，应该受到尊重，不能被闯入。这也就是说，原则上没有人会进入这个围栏区域。”诺艾米解释道。这也就是为什么诺艾米和她的同事们会将食物从围栏外丢到围栏中去。食物主要是水果、蔬菜和干面包。熊还会吃腐烂的木头里的昆虫以及它们的幼虫，也会吃树枝上的叶子或是扔进来的树枝。诺艾米说：“我们时不时会给熊一些肉类零食，特别是那些它们能用来啃咬的骨头。”照顾完动物，她还有很多事情要做：清理围栏周围的参观道，修剪树枝、灌木丛和一些小树，检查电围栏。期间她还要写电子邮件，照看到访的游客和纪念品商店。在熊收容所你永远都不会觉得无聊，这也就是为什么对诺艾米来说，在这里度过的时光是如此不同寻常。诺艾米高兴地说道：“这个工作最让我欢喜的是可以接近大自然和动物们。在这儿我确实可以离它们更近，而不是像在动物园，动物们常生活在狭小的空间和非自然的环境中。”

临时志愿者

熊收容所通过募捐来获取资金，并能得到各个机构科学、专业的技术支持。诺艾米和来自世界各国的志愿者来到库特瑞伏，在那里进行义务工作。这也就是说，他们并没有酬劳。如果没有这些志愿者的帮助，这个熊收容所可能就不存在了。在熊收容所，诺艾米住在志愿者小站，这里一共可以容纳6名志愿者。这里的一切都和她习惯的家里有些不同：一个房间用于饮食、做饭和生活，另一个房间是大家一起睡觉的地方。除此之外，这里没有自来水冲厕所，饮用水也需要去外面取回。“人们在这儿拥有所需要的一切，只不过有时候你需要为此多做些事情。”诺艾米咧嘴笑道。但当她为这些熊工作时，这一切就都可以忍受了。同每一个艰苦的工作日一样，新的一天在他们起床后便开始了。他们要先去取柴火和水，烧火做饭，然后吃顿丰盛的早饭，以便好好地度过这一天。9点钟，他们正式开始工作。上午经常是开会，在会上，大家通常会讨论与熊和收容所有关的一些事情。按照计划，上午或者下午要给熊喂食。

志愿者们要完成许多不同的任务。此外，他们还要翻修围栏，在夏季时，他们还要从围栏上方给熊投掷食物“冰弹”。

此熊非彼熊

北极熊和浣熊有什么相同之处？它们虽然都是熊类动物，但是却属于不同的种类。北极熊属于熊科，而浣熊属于浣熊科。但它们彼此有亲缘关系，拥有共同的祖先。据说，它们的祖先生活在数百万年以前。随着时间的推移，这些大熊、小熊已经进化成我们今天熟悉的样子，并且拥有一些共同的特点。

许多共同点

除了熊科和浣熊科，熊的家族还包括小熊猫科，而小熊猫便是这个科中唯一的物种。以前，小熊猫是被归在浣熊科的。这3个科都属于哺乳动物。这就意味着，它们也像我们人类一样生下自己的后代，然后会在一段时间内给自己的孩子喂食母乳。在哺乳动物中，所有熊类动物都属于食肉目。食肉目动物的典型特征是它们的饮食：它们会吃其他动物的肉——要么是狩猎所得，要么是已经死去的动物的尸体。熊科、浣熊科、鼬科都属于犬形亚目，这也就是为什么浣熊看起来和貂非常相似。除此之外，所有熊都是跖行动物，这也和我们人类一样。当这些四足朋友慢慢走动时，它们的脚掌是全部着地的。

肌肉大熊

当我们谈及熊，大多数时候说的都是熊科中的大熊，它们比浣熊大得多。大熊的平均体长是1.5～2米，而许多浣熊和小熊猫的体长只有60厘米（尾巴的长度不计算在内）。大熊强壮的身体被厚厚的皮毛覆盖，眼睛和耳朵跟头比起来要小得多。大熊的耳朵大多呈圆形，口鼻部长长地伸出来，而

大熊是真正的大块头。有些种类的大熊甚至可以重达800千克。科迪亚克岛棕熊是棕熊的一个亚种，它和北极熊都是地球上最大的陆生食肉动物。

家 谱

有很多相关理论描述这些陆生食肉动物有怎样的亲缘关系，以及在一个单独的群体中怎样划分子群体。可以肯定的是，浣熊和小熊猫彼此密切相关，它们和大熊拥有共同的祖先。

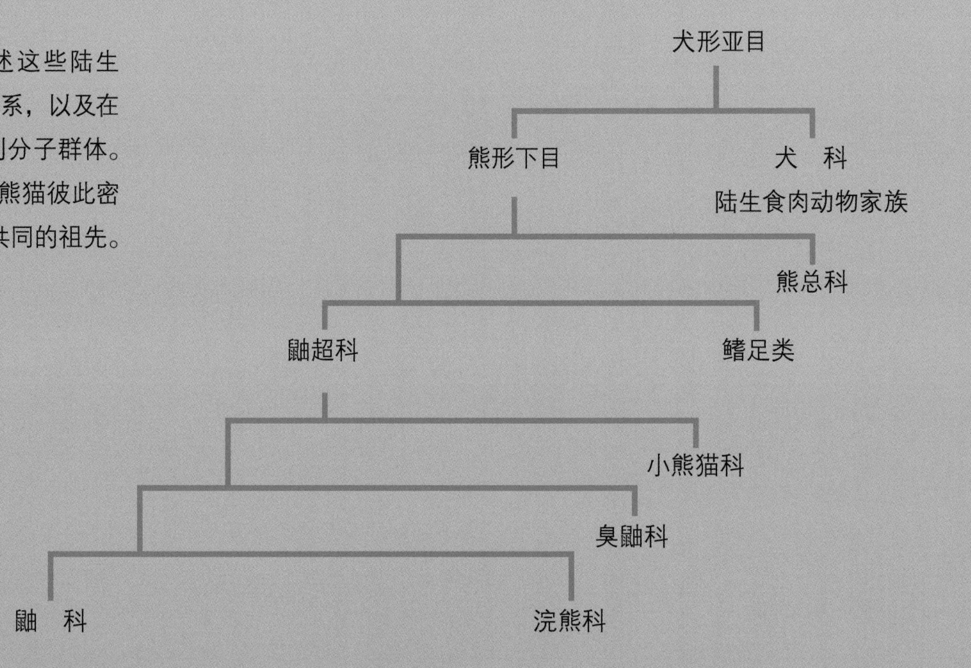

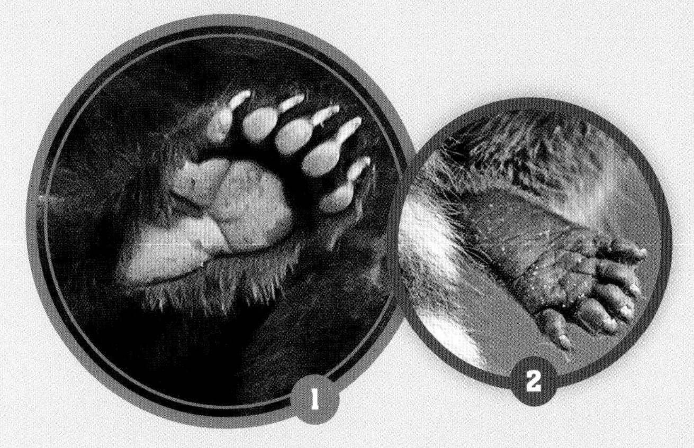

无论熊掌大小，每个熊掌都有5根指头和5个尖锐的爪子。
❶ 所有的大熊，它们爪子底部的部分地方是长毛的。
❷ 相反，浣熊的爪子底部是无毛的。

且仅有一条退化了的短尾巴。腿部以及肩部发达的肌肉是大熊们的显著特征。每个宽阔的大爪子都有5根指头和利爪，这对它们来说非常重要。有了这些利器，熊在爬树的时候就能找到下脚的地方，它们还能用这些爪子进行挖掘。唯一的不便是，大熊没法将它们的爪子收起来。

浣熊科和小熊猫科

浣熊科、小熊猫科与熊科在外观上并没有多少共同之处。浣熊、小熊猫的耳朵通常是尖尖的或圆形的，皮毛上经常有引人注目的花纹图案，有些种类的浣熊和小熊猫的尾巴甚至长达60厘米。这个长度有时就是它们从头部到臀部的长度。浣熊和小熊猫的尾巴可以帮助它们保持平衡，这一点非常重要，因为它们常在树上停留或是居住。它们的腿短而结实，弯曲的爪子非常有助于它们攀爬。这些毛茸茸的动物可是非常有天赋的攀爬者。小熊猫的爪子是可以收缩的，一些浣熊也可以。

知识加油站

- 大熊在野外的平均寿命为20～25年，而许多浣熊和小熊猫的寿命只有大约10年。
- 生活在动物园里的熊通常要比生活在野外的熊寿命更长。

长长的尾巴可以让浣熊和小熊猫在狭窄的道路上保持平衡。

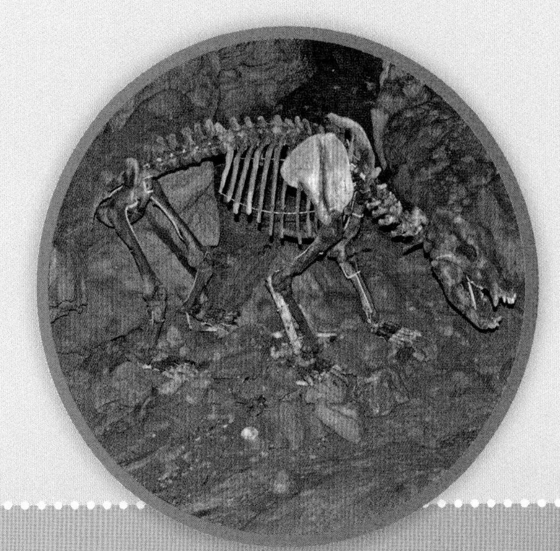

洞　熊

很久以前——更确切地说，在差不多40万年前，熊科中有一种熊曾经在欧洲生活过。它就是洞熊。据说它体长约3.5米，光是从地面到肩膀的高度就约有170厘米。最初，它是杂食动物，但是随着时间的推移，这类动物渐渐转变成素食主义者。这种熊大约在2.7万年前就灭绝了。

北美洲 欧洲 亚洲 非洲 南美洲 大洋洲

熊生活在哪里？

熊生活在许多大洲，它们分布在地球上不同国家的旷野上。它们完美地适应了各自的生活空间，这也就使得它们拥有不同的身高和体重。

南美浣熊

体长：可达 70 厘米
尾长：可达 70 厘米
肩高：可达 30 厘米
体重：可达 6 千克
栖息地：雨林及干旱森林
分布：中、南美洲

蜜 熊

体长：可达 60 厘米
尾长：可达 55 厘米
肩高：可达 20 厘米
体重：可达 5 千克
栖息地：热带雨林区
分布：中、南美洲

眼镜熊

体长：可达 2 米
肩高：可达 90 厘米
体重：可达 175 千克
栖息地：雨林、干旱森林及灌木丛林
分布：南美洲

蓬尾浣熊

体长：可达 50 厘米
尾长：可达 50 厘米
肩高：可达 15 厘米
体重：可达 1.3 千克
栖息地：干燥、多岩石地带
分布：墨西哥及美国西南地区

美洲黑熊

体长：可达 1.9 米
肩高：可达 1 米
体重：可达 300 千克
栖息地：森林以及灌木丛林
分布：北美洲

浣 熊

体长：可达 60 厘米
尾巴长度：可达 35 厘米
肩高：可达 30 厘米
体重：可达 20 千克
栖息地：阔叶林、针阔叶混交林以及城市地区
分布：北美洲、中美洲，以及欧洲、亚洲部分地区

棕　熊

体长：可达 3 米
肩高：可达 1.5 米
体重：可达 800 千克
栖息地：森林、沙漠、半沙漠地区
分布：北美洲、欧洲及亚洲部分地区

犬浣熊

体长：可达 50 厘米
尾长：可达 50 厘米
肩高：暂无确切数据
体重：可达 1.5 千克
栖息地：热带雨林
分布：南美洲西北地区

北极熊

体长：可达 3 米
肩高：可达 1.6 米
体重：可达 800 千克
栖息地：通常大块浮冰上，夏天也会在陆地上生活
分布：北极地区

马来熊

体长：可达 1.5 米
肩高：可达 70 厘米
体重：可达 65 千克
栖息地：雨林及干旱森林
分布：东南亚

懒　熊

体长：可达 1.9 米
肩高：可达 90 厘米
体重：可达 150 千克
栖息地：湿地和草原
分布：南亚次大陆

大熊猫

体长：可达 1.8 米
肩高：可达 90 厘米
体重：可达 125 千克
栖息地：长有竹子的高山森林地区
分布：中国西南地区

亚洲黑熊

体长：可达 1.9 米
肩高：可达 1 米
体重：可达 200 千克
栖息地：雨林、落叶林
分布：南亚以及东亚

小熊猫

体长：可达 60 厘米
尾巴长度：可达 50 厘米
肩高：可达 30 厘米
体重：可达 6 千克
栖息地：长有竹子的高山森林地区
分布：喜马拉雅山脉东部、中国西南地区

知识加油站

- 公熊通常比母熊更高大、体重更重。
- 大熊的尾巴通常只有 6 ~ 10 厘米长。

假“熊”

有一些动物的名字里有“熊”，或者它们看上去长得很像熊，但实际上它们并不是熊！它们当中有些甚至都不是哺乳动物，或者绝大多数时候是生活在海洋里的。你也来看看吧，哪些动物通过它们的名字或者长相误导了你。

在出生后5～6个月，幼崽才会将头从妈妈的育儿袋里伸出来。等它再长大一些，在学会攀爬前，它会被妈妈背在背上。

貉

乍一看，貉长得有点像浣熊。然而，貉属于犬科。而且貉是趾行动物。它们通过脚趾以及脚趾垫来奔跑，不像熊是通过脚掌。它们也不能像熊一样攀爬。它们是犬科动物中唯一会冬休的动物，这一点和熊一致。貉非常害羞，喜欢夜间出行。最初，它们只分布在亚洲，但随着时间的推移，它们也迁徙到了欧洲。

貉的别称有“貉子”“椿尾巴”。

树袋熊

树袋熊（考拉）是有袋目动物。它们与袋鼠的关系比和熊的关系要更近一些，因为和袋鼠一样，雌性树袋熊的腹部也有一个袋子。它们的幼崽在出生后就在袋子里活动，在那里进食、成长。树袋熊生活在澳大利亚的旷野里，它们的身高可以长到80厘米，它们大部分时间都生活在桉树上，并且最喜欢吃桉树的树叶。然而，桉树叶提供不了那么多的能量，也很难消化。为了节省能量，树袋熊每天最多可以睡22个小时。由于桉树叶已经为树袋熊提供了水分，所以它们几乎不会再喝水，只会偶尔舔一舔树叶上的露珠或者雨滴。这种行为也让它们得名“Koala”，这是澳大利亚的一种土著语，它的意思大致就是“不喝东西”。

有趣的事实

小熊橡皮糖

这也不是真正的熊，而是一种几乎人人都知道的糖果：哈瑞宝的金熊糖。这种美味是在德国发明的：1920年汉斯·雷格创建了哈瑞宝公司（HARIBO）。公司的名字是由他名和姓的前两个字母，以及城市名Bonn的前两个字母组成的，即HA-RI-BO。1922年，他发明了一种小熊形状的水果橡皮糖，名叫“跳舞熊”。随着时间的推移，这种糖的名字最后变成了“金熊”。

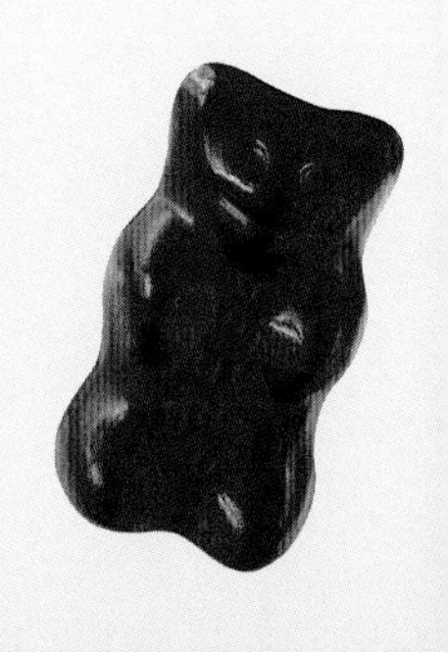

食蚁兽的外形很难被误认为是熊。它们最喜欢的食物是白蚁和蚂蚁，它们会用长长的舌头把食物从洞穴中舔出来。

食蚁兽

食蚁兽（又名蚁熊）不是熊，而是我们以前所说的贫齿目动物（现该目已被撤销）。食蚁兽没有牙齿！它之所以被叫作“蚁熊”，很可能是因为当它们受到威胁时会像熊一样用后腿站立起来。此外，它们的脚爪也与熊类似，5 个脚趾，5 个爪子。它们的家乡位于温暖的南美洲和中美洲。长长的鼻子和长而黏的舌头是它的典型特征。它们最喜欢的食物是白蚁和蚂蚁，它们通常会用鼻子来追踪猎物，然后用爪子挖开猎物的巢穴，并舔光这些战利品。

海　狗

正如我们第一眼看上去做出的判断，海狗当然不是熊。它们属于海狮科，拥有特别密实的毛发。现存的海狗有两种，北海狗和南海狗。两者体长都可达到 2 米，但是实际上它们的亲缘关系并没有那么紧密。除了拥有像熊一样厚实的皮毛，它们还有一个跟熊一样的特征：它们也是食肉目的哺乳动物。

雄性北海狗在脖子、后颈以及肩膀上有毛茸茸的鬃毛。

豹灯蛾

豹灯蛾的翼展可达 65 毫米。它们的前翼大多是棕色的，并带有白色图案。

豹灯蛾与大丽灯蛾

在德语中，这两种蛾的名字与熊非常相似，但其实它们是蛾。它们的幼虫有着长而浓密的毛发，这让人联想到熊的皮毛。然而，当豹灯蛾蜕变后，它们幼虫时期的浓密毛发就没剩多少了。大丽灯蛾幼虫的身体是红色的，从头到脚都被棕色的毛发覆盖。

大丽灯蛾

大丽灯蛾的前翼主要是黑色的，并带有白色图案，它的翼展可达 60 毫米。

嗯，真美味！大多数大熊都喜欢浆果和树叶这样的绿色食品。

大熊怎样生活？

大熊实际上非常害羞，虽然它们乍看起来并非如此。此外，它们并不像其他动物那样，跟自己的同伴们生活在一起，而是在一片区域内独自漫游。只有在交配季节，公熊和母熊才会特意待在一起。熊妈妈在生产后一般会和它的孩子待两年，在最终离开熊宝宝之前，熊妈妈会把所有重要的生存技能教给它的孩子。

真正的杂食家

大熊通常是在傍晚或夜间出行。只有在黄昏降临后，它们才会在野外行走。此外，大熊也是非常另类的食肉动物。它们虽是杂食家，但几乎不吃活体动物。相反，大熊的菜单上更常见的是植物而不是肉。它们吃大量的水果、树叶、树根，有时候甚至是草。它们也喜欢吃昆虫和昆虫的幼虫。

在寻找食物时，它们通常会漫游数个小时，跨越很远的距离。它们在灌木丛中采摘浆果，在地上挖土，围着树干来回转悠，它们总是在寻找下一道美味。有些熊也会吃这些食物：鱼、小型啮齿类动物、鸟类，或者一些动物的腐肉——也就是已经死去的动物的肉。熊不是猫科动物那样灵巧的捕食者，这就是为什么北极熊总是埋伏着等待猎物，而不去追赶猎物的原因。

根据不同的品种，大熊通常有40～42颗牙齿。

大熊喜欢独自出行。它们有自己的领地，并且通常都会标识出来。不过为了避免发生争斗，很多领地都是可以资源共享的。

休息而不是睡觉

在寒冷的季节，一些大熊会进入冬休期。它们会保持这样的状态直到春天来临、万物复苏。为了顺利度过冬天，大熊会使劲进食，以便储存一层厚厚的脂肪。正因如此，冬天时它们的体重会增加到原来的两倍或三倍。在接下来的数月，它们靠着这层厚厚的脂肪维持生命。当春天它们再次出动时，它们的体重通常会比开始冬休时少三分之一。可别把冬休和冬眠混为一谈了，像睡鼠那种才是冬眠。冬眠时，动物的呼吸要慢得多，它们的体温和心率会明显下降。冬休则有些不同，比如说，冬休时动物的体温只是略有下降。相比冬眠，冬休的动物会更容易、更频繁地醒来。

大熊在冬休期需要一个安全的地方。它们会找一个岩石洞穴或空心的树干，或者干脆自己挖一个洞出来。有些生活在极寒地带的熊，在冬休期间从不离开它们的洞穴。而另外一些生活在温暖地带的熊，偶尔会出来散个步。

你知道吗?

几乎所有的熊都是甜食爱好者，它们钟爱蜂蜜!

冬　休

在冬季较为温暖的地区，有些大熊不会在洞穴中度过整个冬季。

❶有时它们会醒来，然后经常会这样（如图所示）调整它们的睡姿。

❷有时它们会离开洞穴一段时间，去侦察下周围的环境。

觅食也是相当辛苦的活！为了寻找蚂蚁和美味的昆虫，大熊会来回碾压树干，甚至把树干给掰开。

知识加油站

▶ 熊科共包括 8 种熊：棕熊、北极熊、大熊猫、美洲黑熊、眼镜熊、懒熊、马来熊和亚洲黑熊。

大熊有哪些本领?

先休息一下吧！大熊可以靠它们的臀部舒舒服服地坐下来。有时候，它们也会坐着吃东西。

大熊有这样一些本领。得益于它们的爪子，它们可以挖掘食物、捕鱼和爬树。就算是湖泊和河流对它们来说也不是什么大的障碍，大熊都是游泳健将。尽管它们通常只在一片区域中慢慢地行走，但是跑起来的时候速度也能达到每小时 50 千米。这相当于汽车在城市车道上行驶的正常速度。来做个对比：人类短跑运动员在很短距离内的最快速度为每小时 45 千米。此外，大熊也非常聪明，拥有良好的记忆力。比如，它们可以轻松地记住它们喜欢的浆果生长在哪里，然后下次再找到这个地方。尽管它们长相敦厚，但是可千万别小瞧它们，大熊是食肉动物！在必要时刻，它们会伸出强有力的爪子，露出锋利的牙齿来进行自我防御。

看、听、闻

大熊拥有敏锐的感官。研究人员认为，大多数种类的大熊都至少有分辨颜色的能力。它们可以辨别出，树叶是否还是绿的，是否可以食用，或者树叶是否已经变黄而且干枯了。此外，它们还拥有良好的听觉和出色的嗅觉。它们的鼻子帮助它们寻找食物，它们常常可以闻到远处食物的气味。北极熊就是这样嗅到藏在冰面之下海豹的气味的。

你知道吗?

熊爪的长度因种类而异。大多数熊的爪子约为 15 厘米，但马来熊的爪子可以长达 20 厘米。

一只跳舞的熊？不，这只熊是在将自己的味道标记在这棵树上，这样就可以告诉别的动物：这是我的地盘！

熊从小就学习攀爬。那些成年熊自然也会，只是它们没有轻巧的小熊灵活。

谈谈它们的鼻子

良好的嗅觉可以帮助大熊和同伴进行交流，它们在一定程度上是通过鼻子来彼此交谈的。比如，它们会在树上摩擦，留下自己的味道。其他路过的熊，会通过这些记号来了解这个陌生的同类，比如，根据树上标记的高度、留下的痕迹来判断这只同类有多高。同样地，粪便或者尿液残留也能告诉其他动物，这里曾有熊经过。熊妈妈还能通过气味找到自己的幼崽，公熊也能通过母熊的味道判断它是否做好了交配的准备。鼻子对熊来说太重要啦！

神秘的肢体语言

熊可以像其他动物一样嘀咕、咆哮或是用肢体进行交流。我们可以根据它们耳朵的位置，来判断它们现在的心情。当它们朝着视线方向立起耳朵，这表明那里有什么东西引起了熊的注意。跟其他许多动物一样，双耳平放是一种威胁性的姿态。但是由于熊的耳朵相对于它们的身体要小很多，所以变化不像狗和猫那样明显。另外，几乎所有的大熊都可以用后腿站立。这样它们看起来就更加庞大，可以威吓它们的对手。不过，当感到好奇时，它们也会用后腿站立，以便更好地了解情况。因此，想要真正理解熊的语言，也不是那么简单的事情。

各个种类的尺寸对比（如图所示）

大熊是出色的游泳健将。它们耐力很好，在水中可以游很长一段距离。

科迪亚克棕熊之所以长得很高大，是因为它们以高脂肪的鲑鱼为食。

典型的棕熊

听到“熊”这个字，人们通常浮现在眼前的便是棕熊的样子。对大多数人来说，这种熊是最有名的大熊。棕熊生活在许多大洲，北美洲、亚洲和部分欧洲地区均有分布。它们生活在完全不同的环境里，在森林中，在草原的宽阔地带，在完全没有树的地方，甚至还可以在沙漠中。棕熊有许多不同的亚种，生活的区域不同，它们的大小、颜色也会不同。它们的皮毛会出现浅棕色、深棕色、棕黑色或者其他一些颜色。

大、更大、最大

科迪亚克棕熊和堪察加棕熊是现在最大的棕熊。如果后腿站立，科迪亚克棕熊可以高达 3 米。它的家乡在科迪亚克岛和阿拉斯加南海岸外的一些岛屿上。堪察加棕熊生活在堪察加半岛（俄罗斯东部的一个岛屿）。

几乎每个人都听说过棕熊。它们的名字是由它们棕色的皮毛而来的。欧洲棕熊分布在欧洲许多不同的国家，包括瑞典、克罗地亚和罗马尼亚等地。

欧洲棕熊生活在欧洲。它比它的北美亲戚矮得多、也轻得多。

叙利亚棕熊比棕熊的许多亚种都要小和轻。

虽然熊是独来独往的，但是它们也会在特定的地点和其他熊碰面。在鲑鱼洄游期间，河里可捕捞的食物实在太多了，因此它们很少会羡慕其他熊获取的美食，也不会互相打架！

不可思议！

在鲑鱼洄游期间，有些棕熊一天可以吃掉 50 千克的鱼！

棕熊吃什么?

棕熊主要在傍晚和夜间活动，白天时，它们通常在荒无人烟的地方。和所有大熊一样，它们也是食肉动物，但它们主要还是以植物类的食物为食。这些食物可以是浆果或者其他的水果，也可以是橡树、草甚至树根。在一些情况下，棕熊会吃鱼、昆虫或其他小动物，有时还会吃动物的腐肉。个别亚种甚至可以捕食像麋鹿幼崽这样更大点的猎物。

鲑鱼真好吃!

对于生活在北美洲的灰熊、科迪亚克熊和其他一些熊来说，鲑鱼是它们菜谱上的一道特别的美味。这些熊可以在夏末或是秋天，在鲑鱼洄游期间毫不费力地捕捞它们。在捕鱼时，它们会逆着水流行走，克服瀑布或急流的阻碍。然后，这些熊便只需要等待，等着鲑鱼跳到它们面前。就这样，这些熊便可以自在地饱餐一顿。尽管这个时候有很多熊在一起捕捞鲑鱼，但它们彼此之间几乎不会有什么竞争。

你知道吗?

戈壁熊是唯一一种生活在沙漠里的棕熊。它们生活在亚洲蒙古国的戈壁或沙漠中。由于戈壁熊数量稀少，蒙古现在已经设立了专门保护它们的项目。

北极熊是有耐心的捕猎者，会在猎物的呼吸洞口等上数个小时。

北极冰面上的捕猎者

只有一种熊在北极寒冷的冰雪上安家——它就是北极熊。然而，北极并不是宜居的地方。它位于地球的最北面，并且主要由冰川覆盖的北冰洋构成，只有一小部分是真正的陆地。在那里只有两个季节：极地冬季和极地夏季。在冬季的时候，北极的平均气温在－30℃之下，而夏季的时候，气温会回升到冰点左右，靠南的地方可能出现0℃以上的气温。

真正的抗寒能手

虽然北极的气温很低，但是北极熊在北极还是待得很舒服。它们非常适应当地的环境，寒冷的气候对它们来说不算什么。它们黄白色的皮毛不仅能让它们在冰雪中得以伪装，同时还起到了保暖的作用。北极熊的毛是中空的，可以把太阳光的能量很好地传导到毛下黑色的皮肤上。在皮毛下面，这位北极之王还拥有数厘米厚的脂肪层。这些脂肪层就好像一件冬天的厚外套，能帮北极熊保持温暖。北极熊的四肢也是毛茸茸的，但除了脚掌以外。这样，它们可以更好地在冰面上行走。北极熊宽大的脚掌也同样很实用，它们让北极熊的重量能分摊在雪地上，不会轻易陷入雪地中。而且，它们还可以在水里游泳。这些白色的大家伙都是优秀而且极具耐力的游泳健将，它们甚至有时候可以好几个小时都待在水里，游好几千米的距离，并且不会感到疲倦。在北极熊游泳的时候，它们空心的毛发也发挥了作用：它们的毛发是防水的，所以即使是在冰冷的海水中，它们的体温也几乎不会流失，在回到陆地上时，它们也不会被冻住。

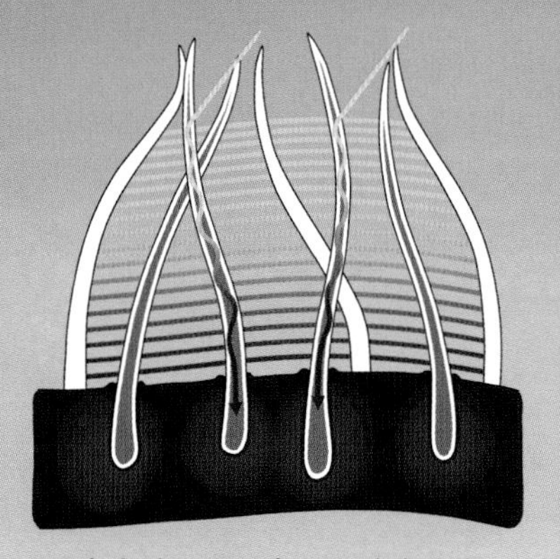
中空的毛发把太阳光的能量传导到黑色的皮肤上，并转化为热量储存。北极熊的毛发非常茂密，让集聚起来的热量也不容易流失。

北极熊可以在水下憋气2分钟。

不可思议！

北极熊在水里的速度最高可以达到每小时10千米。它们能轻松地把专业的人类游泳运动员甩在后面。

不休息，去打猎

北极熊通常不会冬休，即使是在冬天的时候它们也会出去打猎。北极熊是唯一一种几乎只靠肉食为生的大型熊，它们最喜欢吃海豹。海豹为了呼吸会时不时从冰面的洞口浮出水面，而北极熊会花好几个小时在洞口等待海豹。北极熊借助它们良好的嗅觉，可以在很远的地方就闻到冰面下的海豹。北极熊有时候也会去捕食鱼类、海象甚至贝氏喙鲸。当夏天来临时，北极熊不能在浮冰上捕猎了，这时它们就不得不调整自己的菜谱。它们会节食，或者迁移到陆地上，在那儿寻找鸟类和青草、浆果类的植物。

太热了，当心！

大多数情况下，北极熊是以每小时 7 千米的速度在雪地里缓慢前行。不过，它们奔跑起来的速度也可以达到每小时 40 千米。因为北极熊的身体完全适应了冰冷的环境，所以即使很热它们也不会出汗。如果它们跑得太快的话，体温就会升高。为了给自己降温，北极熊会伸出自己的舌头，像狗一样喘粗气。

知识加油站

- 北极的当地居民，也就是因纽特人，用“纳努克”一词来称呼北极熊。
- 北极熊的舌头是蓝色的！对此专家们有各种解释，例如，这是因为它们的舌头供血充足，或者是由于特殊的色素。
- 和其他大型熊类不同，北极熊不是在夜晚活动，而是在白天。
- 有些北极熊会采用一种特殊的方式冬休：受孕的北极熊会躲在雪洞里，并在那里产仔。

北极熊是弹跳健将。要跨过两块浮冰之间的一小段距离，它们不需要游泳，直接从一块浮冰跳到另一块浮冰上就可以了。

在北极的夏天，北极熊偶尔也会吃一些植物。

北极熊这种看上去很疲惫的姿势，其实是它护理毛发的一种方式。

大熊猫

在很长一段时间内，科学家们都不确定大熊猫是否属于熊科的一种。不过，现在这个答案是肯定的。尽管如此，大熊猫凭借它的毛发，还是一眼就能和其他大型熊科动物区分开来：它有黑色的耳朵，眼睛周围也是黑色的，还有黑色的后腿和前腿，从肩膀到背部的一圈也都是黑色的。由于独特的毛发颜色，大熊猫绝对不会被认错。此外，大熊猫还有一个其他大型熊都没有的特点：它比别的熊多出一根拇指！在它的两个前爪上都有一根“伪拇指”。这根手指是从腕骨上生长出来的。

不为人知的熊

在欧洲人知晓大熊猫之前，大熊猫就在亚洲的许多地区广为人知了。一位法国自然学家向欧洲人介绍了大熊猫：他于1869年在中国第一次看到了大熊猫。现在世界上大熊猫的数量极其稀少，它们主要生活在中国的西南部，但生活区域比以前要小很多。它们喜欢生活在阔叶林和针叶林地带，因为那儿生长着许多竹子。

和其他大型熊不同，大熊猫没办法用后腿站立起来，所以它经常是坐在地上的姿态。

尽管大熊猫看上去很可爱，通常也很温和，但它们并不是毛绒玩具！在紧急情况下，它们也会用自己强壮的前肢和锋利的爪子自我防卫。

伪拇指

和大部分熊一样，大熊猫也能攀爬，而且它们喜欢在树上打盹。

在野外，人们很难遇到大熊猫。为了增加大熊猫的数量，中国成立了许多培育基地。在这些基地里，熊猫幼崽和它们的妈妈得到了悉心照料。

我们热爱竹子!

除了竹子，大熊猫几乎不吃别的食物。根据不同的时节，它们会吃竹叶、竹子的根茎甚至枝干。借助它们的第六根手指，大熊猫可以巧妙地握住竹子的枝干，以便剥去竹叶。幸运的是，有许多不同的竹子种类，大熊猫特别喜欢吃其中的某些品种。如果它们把一个区域里的竹子都吃完了，它们就会迁移到另一片新的竹林。由于竹子含有的营养物质较少，大熊猫每天需要吃大概 18 千克的竹子才足够。因此，它们一天之中几乎有半天的时间都在吃竹子。其他植物类的食物、昆虫或者小型哺乳动物，很少出现在大熊猫的食谱上。大熊猫几乎只吃竹子，它们的牙齿也反映了这一特点：大熊猫比其他不太吃植物的熊拥有更大的臼齿。大熊猫如果不是在吃东西，那基本上就是在睡觉，它们会睡在中空的树桩里、岩石裂缝中，或者洞穴里。大熊猫主要生活在地面上，不过它们也会攀爬和游泳。大熊猫另外一个特点就是，和其他大多数大型熊一样，它们不会完全冬眠。它们一整年都在寻找充足的食物。现在，大部分大熊猫生活在自然保护区中。

世界自然基金会
世界自然基金会会标上的动物就是大熊猫。

知识加油站

- 在大熊猫生活的区域经常有一些“小道”，这是这些四足动物在竹林丛中开辟出来的、像隧道一样的路，而且它们还会反复利用这些通道去寻找食物和睡觉的地方。
- 一种熊可能有许多名字，如大熊猫也被叫作“猫熊”“竹熊”“食铁兽”。

美洲黑熊

典型的美洲黑熊有黑色的毛发和颜色较浅的口鼻。

熊如其名，美洲黑熊生活在美洲，更确切地说是在北美洲。它们的毛发通常是黑色的。不过，这些大型熊也会有其他颜色的毛发，例如肉桂色和棕色。有一种美洲黑熊甚至有浅色的毛发，它们就是柯莫德熊，也叫“白灵熊”。它们通常是白色的，生活在加拿大的不列颠哥伦比亚省。不过，为什么美洲黑熊会有那么多不同颜色的毛色？有些学者推测，这是物种对不同生活环境的适应。有一部分熊生活在茂密的森林里，而有些则生活在旷野。黑色的熊在茂密的森林中比在空旷地带更不容易被发现，而浅色的熊则在空旷地带更容易伪装。在北美，总共有十几万只颜色不同的美洲黑熊。它们也是美洲数量最多的大型熊科动物。美洲黑熊充满好奇心，对出现在它们面前的任何食物都来者不拒。它们主要以水果、昆虫、鱼类和一些体形较小的有蹄类动物为食。它们甚至还会在人类遗留在国家公园里的垃圾中寻找食物。

你知道吗？

大家耳熟能详的毛绒泰迪熊，它的名字据说和美洲黑熊有关。当时的美国总统西奥多·罗斯福，在一次打猎中拒绝射杀一只美洲黑熊的幼崽，而这件事马上就流传开来了。据说，一位玩具制造商把他生产毛绒熊的名字换成了这位总统的昵称，也就是“泰迪”。

不是每只黑熊都有黑色的毛发。
❶ 来自加拿大的柯莫德熊，有些几乎是全白的。
❷ 肉桂熊的毛发是红棕色的。

眼镜熊

在觅食的时候，眼镜熊有时也会冒冒险！

不，眼镜熊当然没有把眼镜戴在鼻子上。它们深色的毛发突显了眼睛周围浅色的眼圈，看上去就像戴了眼镜一样。这些眼圈让人们很容易区分不同的眼镜熊，因为每一只熊的眼圈都不太一样，而且有些眼镜熊甚至没有眼圈。眼镜熊眼周的浅色毛发也会延伸到鼻子、嘴巴，有时候甚至会延伸到它们的胸部。除此之外，大多数眼镜熊的毛发是黑色、深棕色或红棕色的。眼镜熊生活在南美洲，从雨林到灌木丛都有它们的身影。它们是南美洲唯一一种大型熊，并且是当地最大的肉食性陆地动物。这些眼镜熊的故乡是南美洲的安第斯山脉，鉴于它们的分布范围，眼镜熊也被叫作“安第斯熊”。观察和研究眼镜熊并不是一件容易的事，因为它们太害羞了。然而，可以确定的是，它们是真正的攀爬能手。这要归功于它们前后肢的长度不一致。它们的前腿比后腿要长一点，而这正是攀爬时的优势。此外，它们前脚的爪子也比后脚的要长一些，这样，它们可以更轻松地从土地中刨出食物。眼镜熊最常吃的是植物，动物在它们的菜单上出现的频率并不高。此外，它们也是不冬眠的大型熊。眼镜熊非常独特的地方在于，它们被认为是现在仅存的一种短面熊。在熊科的分类中，眼镜熊组成了一个单独的亚科。大熊猫也是另外一个亚科中唯一的成员。

1 这只眼镜熊的眼圈非常明显。
2 这张图还能看出眼镜的形状吗？这只眼镜熊的标识已经有点模糊了。
3 这只眼镜熊已经没有眼镜形状的毛发了。

亚洲三熊

接下来要介绍的 3 种熊都生活在亚洲大陆，它们分别是懒熊、马来熊和亚洲黑熊。每一个类型都有着区别于其他熊类的外貌。

懒 熊

懒熊的嘴非常长，而且它们的唇部非常灵活，这在它们觅食的时候很实用。懒熊可以把它的唇部延展变成可以吸入食物的形状。此外，它们还可以把鼻孔闭起来并伸出长长的舌头。通过这种方式，它们可以巧妙地获取蜂蜜和昆虫。蜂蜜和昆虫是除了水果之外懒熊最重要的营养来源。它们另外一个特征是上颚只有 4 颗门牙，而其他大型熊几乎都有 6 颗。它们前面两颗门牙之间有一个缺口，这也让食物的吸入更加方便。懒熊生活在温暖的地区，如印度、斯里兰卡，也有部分生活在孟加拉国、不丹和尼泊尔。它们有着毛茸茸的毛发。最长的毛发位于后脑勺和背部，长度可以到达 15 厘米。通常，它们的胸部处会有浅色的毛发，形状看上去就像一块马蹄铁。这些毛发并不会让它们出汗,反而能帮它们抵挡烈日和炎热。白天，它们通常睡在树上，在晚上才会出去觅食。它们前脚的爪子很长，利用这些爪子，它们可以在地里挖出白蚁和蚂蚁的巢。由于懒熊在冬天也能找到足够的食物，所以它们不用冬休。

马来熊

马来熊又叫太阳熊，而这要归功于它们胸前瞩目的毛发。它们胸前有一块与身体其它部位毛色不同的棕黄色 U 形斑纹。因为生活的地区气候潮湿，所以马来熊的毛发比其他大型熊要短一些，而且马来熊是大型熊中体形最小的。

吸尘器

懒熊最喜欢的食物是昆虫。为了把昆虫吸出来，懒熊会把嘴噘起来，并且在必要时可以将嘴塑造成吸管的形状。

有趣的事实

懒 熊

人们为懒熊取这个名字的原因之一，是它的爪子和树懒的爪子非常相似。

懒 熊

从懒熊那长长的、光滑的鼻子，人们很容易认出懒熊。借助它们的长爪子，懒熊可以挖开白蚁和蚂蚁的巢。向内弯曲的前腿也有助于它们刨东西。

马来熊的体形和一只巨型犬差不多，因此活动非常灵活。体格较大的熊不容易爬上一些树木，而马来熊却能轻易做到。它们的爪子很长，呈弯曲状，它们的前脚也向内弯曲，因此，马来熊非常善于攀爬和挖掘。马来熊生活在热带雨林，主要吃水果，但有时也会吃树根和蜂蜜。它们可以像食蚁兽一样，用自己的长舌头去舔缝隙和洞里的食物。它们很少吃鸟类和蜥蜴这样的动物。马来熊通常在夜间比较活跃，白天的时候它们会在树上打盹。此外，它们也是不需要冬休的。

亚洲黑熊

亚洲黑熊几乎全身都是黑色的，除了胸口处白色或浅黄色的V形毛发。凭借这一特征，亚洲黑熊很容易就能被认出，它们也因为这一独特的标志被叫作“月牙熊”。它们脖子两侧长长的毛发也很有特色。亚洲黑熊颈部特殊的毛发使得它们看上去比实际要大许多，尤其是当它们站起来的时候。通过这种方式，它们能恐吓并吓退敌人。亚洲黑熊主要分布在亚洲的阔叶林和雨林地带。许多人非常熟悉它们另外一个名字——狗熊。它们能攀爬，擅长游泳，无论是白天还是夜晚，都会出来活动。亚洲黑熊通常睡在树上由树枝搭建的窝中。它们的食谱非常丰富，和大多数熊一样，它们主要吃水果、块茎、坚果、蛋、雏鸟、腐肉、昆虫和蜂蜜。

亚洲黑熊

当亚洲黑熊站起来的时候，它们的颈部毛发就发挥了作用。依靠这种恐吓效果，狗熊能让其他动物落荒而逃。

太长了！

马来熊的舌头非常长，最长可以超过20厘米。

马来熊

幸亏它们的毛发相对较短，因此它们才能很好地适应家乡湿热的气候。除了脸部和胸前的U形毛发颜色较浅，马来熊其他部位的毛发通常是黑色的，不过也有灰色或浅红色的。

锋利的爪子

借助长长的爪子，马来熊可以轻松地在地里挖出食物。

熊的家庭

比赛竞争

当两只公熊希望和同一只母熊交配时，它们通常会相互竞争。如果两只熊都不轻言放弃，那么受伤就不可避免了。

大型熊科动物想要后代，公熊和母熊就必须交配。交配通常在春天或夏天进行。不过马来熊的情况不太一样，它们几乎全年都可以交配繁衍后代。母熊不会每年都产仔，通常要两三年才会怀孕一次。

寻找配偶

不同种类的大型熊性成熟的年龄也不同。有些是 3 岁，而有些可能要 6 到 7 岁。这也就意味着，从这个年龄开始，它们能够进行交配，而且母熊可以受孕。公熊可以根据气味来分辨母熊是否准备好了交配，如果有多只公熊对同一只母熊感兴趣，它们可能会互相打架竞争。竞争者会用后腿站立起来，颇具威胁性。它们把前爪张开，撕咬咆哮。胜利者才能够和母熊交配。当公熊和母熊互相选定对方后，它们会一起生活很多天，在最终分开前，它们会多次交配。在大型熊科动物中，母熊承担了养育幼崽的责任。

出 生

根据不同的生活空间，大型熊会在不同的洞中产仔。在温暖的区域，大型熊会在岩石洞或地洞里生产，有些甚至会自己挖洞。而北极熊会在雪中产仔，或者自己建个雪洞。

熊宝宝出生了

大熊的交配并不意味着母熊一定会受孕。它们的特殊之处在于延迟着床。在交配和怀孕之间还有一段时间，在这段时间内，受精的卵细胞会植入母熊体内，然后这个受精卵会慢慢发育成形。这是需要一定时间的，有时候甚至要好几个月。例如，棕熊在 5 月或者 6 月时就会交配，但通常要等到秋天，它们体内才会怀有熊宝宝。

走进幼崽小屋

熊宝宝通常在冬季出生，在这之前，母熊会为自己吃出一层厚厚的冬季脂肪。此外，它们会建一个安全的栖身之所，以便生产幼崽。一直到幼崽出生后的一段时间，母熊都会生活在那儿。由于冬天的时候食物短缺，成年熊都在节食，所以脂肪层非常重要。当熊宝宝刚出生的时候，它们非常无助，看不清，听不见，只能完全依赖熊妈妈。乍一看，刚出生的熊宝宝有些光秃秃的，因为它们还没长出真正厚实的毛发。新生的熊宝宝的毛发特别细并且稀疏，以至于它们的皮肤看上去透着微光。此外，刚出生的熊宝宝很小、很轻。例如，刚出生的大熊猫宝宝大概只有 80 ~ 200 克。比起大熊猫妈妈巨大的体格，大熊猫宝宝就像个小不点。

不可思议！

你看到那只灰色的北极熊了吗？它是北极熊和灰熊杂交的后代。这种杂交非常非常罕见。

这 3 只灰熊幼崽刚刚开始探索这个世界。

毫无黑白毛发的痕迹：刚出生的大熊猫是粉色的，几乎没有毛发，而且和它们的妈妈相比显得特别小。

几周后，大熊猫标志性的黑白毛发开始慢慢生长。

浣熊科和小熊猫科的后代

浣熊科和猫熊科的交配、生育以及繁衍，和大型熊科的不太一样。人类对它们的研究也没有像对大型熊科那样透彻。通常在 1 ~ 3 岁时，它们会性成熟。在成功地交配和受孕后，它们会在树巢上或者树洞里产下幼崽。熊的种类不同，它们一次性生下的幼崽数量也不同：蜜熊会生 1 ~ 2 只，浣熊会生 3 ~ 6 只。浣熊科和猫熊科的幼崽刚出生的时候也是没有视觉和听觉的。

熊宝宝是如何长大的？

在熊宝宝刚出生后的几周，它们会和自己的妈妈一起待在安全的地方。在这段时间内，它们会迅速成长。它们不仅会拥有越来越多的毛发，体重也会大大增加。这要归功于它们从妈妈那里获取的营养丰富的母乳。熊的母乳富含脂肪，能给幼崽提供大量能量，让它们变大、变强。例如，北极熊幼崽在刚出生的时候体重只有大约 600 克，但是两个月后，它们的体重就会达到 15 千克。小熊平均需要喝两年的母乳，之后，它们才会开始摄入那些熊妈妈也吃的食物。

为生活学习

当幼崽几个月大的时候，它们会第一次离开自己的窝，和它们的妈妈一起开始探索之旅。在外面的时候，幼崽会紧紧跟在熊妈妈的身后。它们会学习所有野外独立生存的技能。熊妈妈会教它们如何寻找食物，以及最好的食物来源在哪儿。此外，幼崽也会学习如何自我防卫，以及如何找到或创出一个冬天用来栖息的地方。它们也会一起练习攀爬和游泳，熊妈妈会一直在旁边警觉地看着自己的孩子。同时，熊妈妈还会保护幼崽免受敌人的攻击，在必要的时候，它们甚至会和其他熊打架。有时候，公熊为了和母熊交配，会攻击母熊的幼崽。

家庭郊游

第一次出门郊游，熊妈妈不会让幼崽离开它的视线。这两只幼崽在训练进攻和防卫。

知识加油站

- 不同种类的大型熊每次产仔的数量也不同：马来熊会生 1～2 只，棕熊和眼镜熊最多会生 4 只幼崽。
- 美洲黑熊一般会生 2～3 只，有些甚至会生 6 只。

熊妈妈

嗯，好吃！得益于营养丰富的母乳，幼熊长得很快，而且很强壮。在幼熊很小的时候，熊妈妈会一直在它们身旁照顾它们，并保护它们不受任何威胁。

待在一起会更好

和兄弟姐妹一起长大非常重要。幼崽们可以一起嬉戏打闹，每一只小熊都会很开心，而且这是对一生都有帮助的锻炼。通过这种方式，它们能变得更强壮、更有耐力，它们的感官也会变得更敏锐，并且可以学习特定的行为。不同种类的大型熊的幼崽待在它们妈妈身边的时间长短也不一样。大多数会待一年半到两年。而有些大型熊，像北极熊，它们会和自己的家人一起生活两到三年。这是因为年轻的北极熊需要在北极学习特殊的技巧，例如如何捕杀海豹。一旦幼崽学习了足够的知识，它们就必须独自在野外生存。当时间到了，母熊在外出后就不会回来，或者会把幼崽赶走。有时，兄弟姐妹们还会一起再待一段时间，它们不仅一起玩耍，还会一起寻找食物和互相保护，直到它们可以独自生存为止。

失去母亲的幼熊

可惜不是所有的幼熊都那么幸运，可以得到妈妈的照顾和教导。如果熊妈妈过早把幼熊赶出去，或者熊妈妈遭遇了不测，年龄较小的幼熊会很难甚至不可能独立生活下去。在极少数情况下，它们会被人类找到，人类会照顾它们或把它们带到专门的救助站点。

背着走

北极熊妈妈通常会把北极熊宝宝驮在背上走路。

你知道吗?

有时候，在与母亲分居后，熊还会和自己的兄弟姐妹一起生活几年，直到它们各自组建家庭。

兄弟姐妹

熊的兄弟姐妹们会生活在一起。它们在一起玩耍，并且一起练习对它们以后生活很重要的生存技能。

攀　爬

因为它们还很小，无法自卫，所以幼熊在遇到危险时会爬到高处去。

游泳学校

幼熊也要学习游泳。特别是北极熊，它们要成长为优秀的游泳健将。

在水边

浣熊特别喜欢待在水域附近的森林里。

戴面具的捕猎者

如果你在黄昏的时候在森林里散步，那你有可能会遇到浣熊。因为它们最喜欢在天黑的时候在森林里闲逛。浣熊是浣熊科的一种，并且是其中最有代表性的一个物种。通过灰棕色的毛发、长着条纹的尾巴，以及像戴了一个面罩的黑色面部标志，浣熊很容易被认出来。

从皮毛动物农场到大自然

这些浣熊主要来自北美洲。因为茂密的毛发，在 19 世纪 20 年代时，浣熊被带到德国，并被养殖在皮毛动物农场中。1934 年，第一批浣熊在黑森州被放生了。

几年后，其他浣熊也在勃兰登堡州被放生。因为浣熊的适应能力很强，它们很快就适应了陌生的环境并且渐渐繁衍开来。现在浣熊不仅生活在德国，在许多其他欧洲国家也有它们的踪迹。它们喜欢在阔叶林和混交林里玩耍。欧洲的浣熊体重比北美洲的要轻一点，这是因为在寒冷的地方它们需要摄入更多的脂肪。在加拿大的浣熊最重可达到 20 千克！而在欧洲，浣熊的体重通常是 8 ~ 10 千克。

不害怕与人接近

浣熊不害怕和人接近，即使在城市里生活它们也感到非常自在。不过，这些调皮的小熊也会成为一种麻烦，它们会在垃圾桶里翻东西，经常在房屋附近和公园里出没。通常情况下，这意味着周围不止一只浣熊，一般浣熊妈妈会

有趣的事实

倒着爬

浣熊有一个非常有趣的攀爬技巧：它们可以倒着爬下树干。

和它的孩子们待在一起。有时候，一些成年浣熊也会和它们的同伴一起生活。雄性浣熊有时候也会成群结队，在不是求偶期的时候一起到处闲逛。

重要的感官

和其他所有浣熊科动物一样，浣熊什么都吃。它们最喜欢吃水果、坚果、昆虫、蛋和其他类似老鼠的小型哺乳动物。它们善于游泳、攀爬，而且有时候它们会用后腿站立起来，这样它们的前爪就可以更精准地抓取东西。触觉对浣熊来说特别重要。它们敏感的前爪上有许多感觉细胞。对浣熊来说，抓取东西完全不是问题，因为它们拥有 5 根手指。研究人员推测浣熊可能是色盲，或者无法分辨颜色，不过这并没有限制它们。除了触觉以外，对它们更重要的是嗅觉和听觉。它们需要鼻子来和同伴沟通或寻找食物。借助灵敏的耳朵，浣熊可以听到非常轻微的声响。它们甚至可以听到蚯蚓在泥土中爬动的声音！

打　盹

白天，浣熊喜欢在树洞里睡觉。

知识加油站

- 浣熊在吃东西之前，似乎喜欢把食物在水里洗一下。事实上，这是由于浣熊是用爪子摸索、寻找食物，并且会用爪子感受食物的大小、形状，而浣熊爪子上的角质层在水里更柔软，使它们的触觉更敏感，可以帮助它们更好地感知东西。
- 像浣熊这种从外地迁入的新物种，被叫作“入侵物种”。德语中这个词语来源于希腊语。

寻找食物

在寻找食物的时候，比起眼睛，浣熊更依赖它们的爪子。当它们在水里寻找食物时，它们看上去像是在洗东西。

爪　子

非常实用：浣熊的手指和脚趾都是可以张开的。

真正的攀爬健将

蓬尾浣熊、蜜熊和犬浣熊之间有哪些共同点？它们都属于浣熊科，而且是地道的美洲物种。

蓬尾浣熊

蓬尾浣熊不是猫也不是貂，它们是浣熊的一种。

蓬尾浣熊可以分成两类：北美蓬尾浣熊和中美蓬尾浣熊。北美蓬尾浣熊生活在气候干燥的地带，例如草原和灌木丛；而中美蓬尾浣熊则生活在雨林中。它俩看上去很相似，都有着大大的耳朵和长长的尾巴。它们尾巴的长度约等于从头部到臀部的长度。尾巴上长有黑白灰的环状条纹，因为这个，它们也被称作“环尾猫”。长长的尾巴对浣熊科动物来说也很实用：在蓬尾浣熊攀爬的时候，尾巴可以帮助它们保持平衡；在它们睡觉的时候，尾巴可以当成厚毯子盖在身上。和其他熊一样，它们既吃植物，也吃昆虫、鸟类和小的啮齿动物。

蓬尾浣熊住在洞里，白天很少出门，但在晚上时非常活跃。一个可以证明它们喜欢夜晚活动的证据就是它们大大的眼睛，蓬尾浣熊的眼睛可以帮助它们完美地适应黑暗。

蜜　熊

蜜熊生活在中美洲和南美洲的热带雨林中。它们的食物主要是水果。此外，它们还喜

蓬尾浣熊

和其他浣熊科动物不同，北美蓬尾浣熊可以把它们的尖爪收起来。

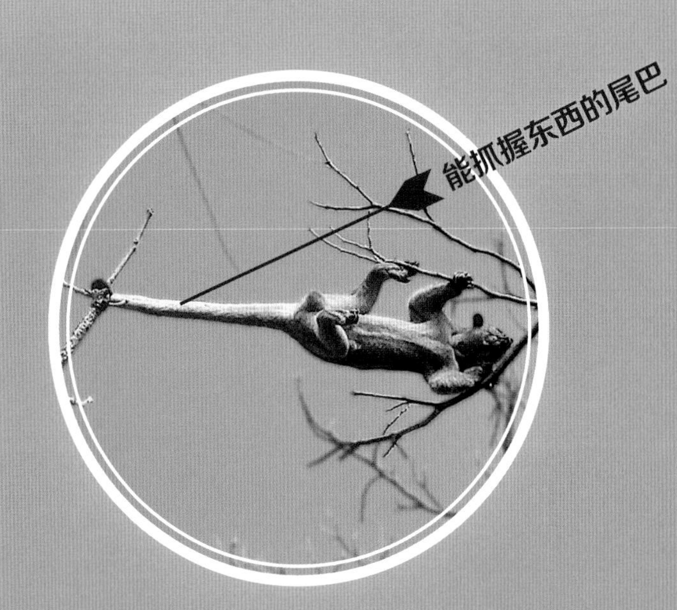

从一根树枝到另一根树枝

借助它们的尾巴，蜜熊可以从一根树枝荡到另一根上去。

蜜 熊

在树上坐着、躺着或者挂着：无论什么姿势，蜜熊都可以进食。

欢吃蜂蜜，这也是它们名字的来源。

凭借它们长长的、灵活的舌头，蜜熊可以毫不费力地获取食物。白天时，蜜熊在树上睡觉。它们会蜷缩在树洞里，或者在树枝上，用前爪盖上眼睛，并用自己的尾巴当枕头。当夜幕来临时，它们会逐渐清醒。它们几乎不会落地，大部分时间都在树上度过。当它们在树枝上移动的时候，和许多浣熊科动物一样，它们会借助尾巴保持平衡。如果蜜熊想要换一棵树，它们会把自己的长尾巴像安全绳一样绕在树枝上，直到它们安全抵达另一棵树后才会把尾巴松开。所以，蜜熊还有另外一个名字——卷尾猫熊，这个名字也特别适合它们！

犬浣熊

犬浣熊有不同的亚种，例如加氏犬浣熊和小型犬浣熊。所有种类的犬浣熊都生活在中美洲和南美洲的热带雨林中。它们生活在树上，很少着地。白天，它们待在树洞中，到了晚上才出来觅食。它们和大多数浣熊科动物一样，最喜欢吃水果、昆虫和小型脊椎动物。

犬浣熊非常害羞，所以人们很少看见它们。它们身上的气味很重，臭烘烘的。

你知道吗？

互相依靠：蜜熊偶尔也会和它们的同伴待在一起打发时间。

犬浣熊

这个害羞的树上居民有着尖尖的嘴，并且还是个独行侠。

南美浣熊

南美浣熊的鼻子不仅长，而且非常灵活。

南美浣熊通常居住在各种森林中：热带森林、河边的森林和山林中都有它们的身影。不过，它们也会在一些比较干燥的地区，比如草原上出现。南美浣熊有几个不同的品种，但它们有一些共同的特征，而这些特征与其他浣熊科的动物不太一样。最典型的就是，所有南美浣熊的头部都比较长，而且有一只十分灵活的鼻子，看上去就像象鼻。南美浣熊的嗅觉特别灵敏，它们可以用鼻子在石头下面、植物根部或者土地里找到食物。它们的食谱主要由植物和水果组成，但也包括昆虫和小型脊椎动物。和其他大多数浣熊科动物相反，它们是昼行性动物。如果需要休息或者睡觉，它们就会返回到森林里面。它们还有一个和其他浣熊科动物非常不同的地方：雌性南美浣熊喜欢群居，它们很乐意和幼熊一起生活，而雄性南美浣熊则通常是单独行动的。南美浣熊善于攀爬，能在树木之间迅速地移动。当需要从树上返回地面的时候，它们也和其他浣熊一样，是以头朝下的姿势爬动。

你知道吗?

在遇到危险时，南美浣熊会用腹部发出的声音来警告自己的同伴，让它们能够迅速撤离到安全的地方。

永远跟着鼻子走

在寻找食物时，南美浣熊会把鼻子紧贴着地面来搜索可以吃的东西。通常情况下，它们还会高高地竖起自己的尾巴。

为了能看得更远，或者为了用自己的前爪抓取物品，南美浣熊有时会用两条后腿站立起来。

长鼻浣熊

虽然长鼻浣熊和南美浣熊有亲缘关系，但长鼻浣熊被归于一个单独的属类。长鼻浣熊的体形更小一些，尾巴也比较短。

小熊猫

火狐狸、九节狼、红熊猫、小熊猫——一种熊竟然有这么多不同的名字，真容易令人混淆！小熊猫到底是否属于浣熊科，很长时间以来都是一个充满争议的问题。根据最新的研究，小熊猫应该是小熊猫科家族的唯一成员，但它们和浣熊科、熊科也有很近的亲缘关系。因为小熊猫像猫一样经常自我清洁，所以也被叫作“小猫熊”。小熊猫会舔舐自己的爪子，并用爪子清洗自己身体部位中颜色最浅的头部。它们红色的毛发，从颜色上来说更容易让人联想起狐狸，而不是其他熊类。小熊猫长而毛发浓密的尾巴可以帮助它们在攀爬时在树上保持平衡。多亏了小熊猫的爪子，它们才能够完美地适应远离地面的高处生活——它们脚掌上的毛发特别浓密，正因如此，即使是在比较光滑或者潮湿的树枝上，它们也不太容易滑下去。

生活习性

小熊猫对热度特别敏感，只要温度超过 25℃，它们就会觉得不太舒服。为了躲避午间的高温，它们白天时往往在树上睡觉，一直到黄昏降临才开始活动。遇到危险时，它们会迅速逃走，或者用两条后腿直立起来。这样能让它们的体形显得高大些，必要的话，它们还会用锋利的爪子保护自己。小熊猫的家乡在亚洲喜马拉雅山脉附近。小熊猫最爱的食物和大熊猫一样——潮湿的山林中生长的竹子。不过，它们也吃其他植物，有些小动物偶尔也会被列入它们的菜单。小熊猫和大熊猫还有一个共同点，它们手掌的内侧有一截突出的骨头，也就是所谓的伪拇指。有了这根伪拇指，小熊猫可以更好地抓取东西。

乍一看，小熊猫和与它们名字类似的大熊猫并没有很多相似之处！

你知道吗？

小熊猫在喝水时有个特殊的技能：它能用爪子喝水！它会把一只爪子伸进水里舀水，然后再把这些水舔掉。

锋利的爪子对攀爬很有帮助，可以牢牢地抓住一截树干。

在小憩的时候，毛发浓密的尾巴是最棒的枕头啦！

目前，世界上仅存大约20 000～25 000只北极熊。因此，世界自然保护联盟的濒危物种红色名录将北极熊列入“濒危”。

处于危险之中的熊科动物

很多熊科动物如今都面临着灭绝的危险！其中一个原因就是我们人类的捕猎。尽管很多国家禁止捕猎熊，但依然有很多偷猎者为了熊的皮毛而猎杀它们。比如，小熊猫的皮毛会被用来制作成帽子。在有些国家，捕猎熊甚至是被允许的，比如加拿大，直到现在依然允许捕猎北极熊，只是为了获取它们的皮毛。每年都有数百只北极熊因此丧命！

在越南的河内，这只小亚洲黑熊恐惧地坐在熊类养殖场的笼子之中。

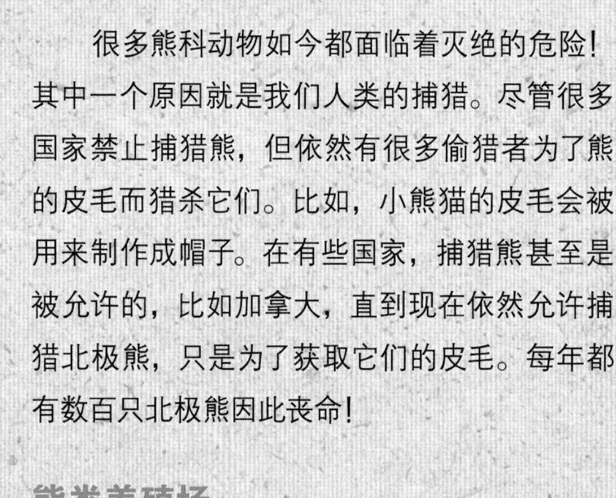

熊类养殖场

很多熊即使没有被杀死，它们的生活也很艰难。很多生活在亚洲的熊科动物常常被残忍地虐待。在所谓的熊类养殖场，为了取得亚洲黑熊的胆汁，它们被关在狭小的笼子当中。长久以来，熊的胆汁都被视为一味药材。但是，对可怜的亚洲黑熊来说，吸出胆汁的过程是异常痛苦的。因此，越来越多的人提倡禁止这种对动物的残忍行为。幸好，现在有一些国家已经不允许熊类养殖场采集胆汁了。

小心，冰要融化了！

对熊科动物来说，另一个威胁是环境的变化，这使得它们的生存空间不断变小。比如原本威风凛凛的“北极国王”——北极熊，它们的家乡就因此而在持续地缩水。因为全球气候变暖，地球上的温度不断升高，北极地区也不例外。其后果就是北极的冰块不断减少。夏天

可惜的是，一些国家，如印度，依然豢养着“跳舞熊”，它们必须在滚烫的板子上痛苦地学习舞步。

世界自然基金会在很长时间以来，都在帮助拯救大熊猫免于灭绝，它们还给稀有的柯莫德熊和其他动物创造了更安全的生活环境。自 2016 年以来，由于该基金会不懈努力，加拿大大熊雨林的大部分地区得到了保护，免于被滥砍滥伐。

时冰块融化的时间变早，而冬天结冰的时间又变晚了，对北极熊来说，这大大减少了它们可以在浮冰上捕猎、进食的时间。

帮助熊科动物

有些熊科动物的生存空间完全是被蓄意破坏的，例如，人类会经常砍伐它们居住的森林。这种行为对熊科动物造成的威胁，或许比人们想象的要大得多。为了获得更多可以耕种的土地，修建住宅区或者街道，许多山林都遭到砍伐，或是被分成了一片片较小的区域。对于熊来说，这就意味着它们的活动和进食空间都变得更小了。大熊猫是非常挑食的，而竹子只有在某些特定的地方才能生长。同样，眼镜熊、亚洲黑熊的生存空间，也是由于栖息地被破坏或森林砍伐而变得越来越小。

幸好，有一些组织一直在为保护我们的自然环境和动物而努力，世界自然基金会就是其中一员。

没有危险还是极度危险？

世界自然保护联盟的观察数据可以显示各类熊的濒危程度。世界自然保护联盟将世界上的各种动物和植物收集到一份红色名录中，评估它们是否有灭绝的风险。根据濒危程度，它们被归入不同的保护级别当中，如“濒危”或者“无危”。根据这份名录，大熊猫被列为“濒危动物”。这就意味着，大熊猫在未来有相对较高的灭绝风险。根据 2014 年的一次统计，野生大熊猫的数量一共只有大约 1860 只！这个数量并不算多，但根据 2004 年的统计数据，野生大熊猫的数量甚至更少——估计大约只有 1600 只！显而易见的是，一些熊类动物主要是因为我们人类才处于危险之中，而它们需要我们的帮助，才能避免在不远的未来只能生活在动物园中，或者出现完全灭绝这种最坏的情形。

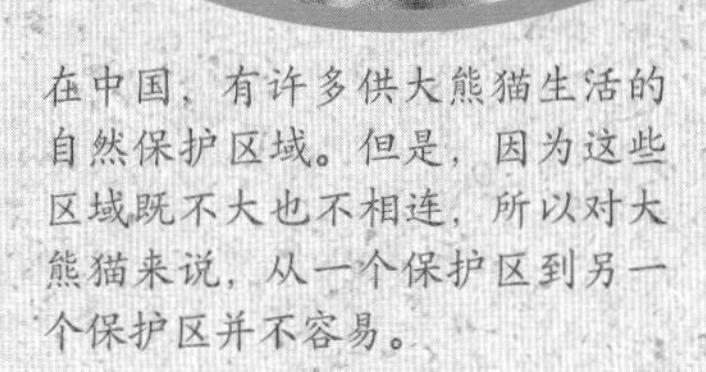

在中国，有许多供大熊猫生活的自然保护区域。但是，因为这些区域既不大也不相连，所以对大熊猫来说，从一个保护区到另一个保护区并不容易。

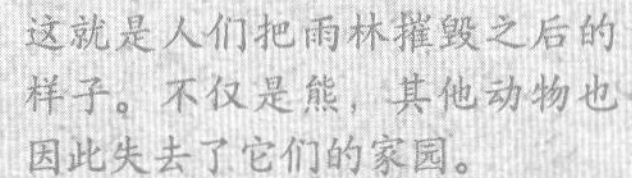

这就是人们把雨林摧毁之后的样子。不仅是熊，其他动物也因此失去了它们的家园。

在动物园里生活

“生日蛋糕”

目前在欧洲，只有少数几个动物园中生活着大熊猫。其中一个是位于奥地利维也纳的美泉宫动物园。在大熊猫生日当天，它们会得到用冰冻食品做成的生日蛋糕。

你在动物园里见过熊吗? 可喜的是，随着时间的推移，动物园也改变了不少。以前，熊经常被关在又小又窄、围着栅栏、铺着水泥底的笼子里。现在，动物园提供的环境完全不同了。它们会尽力为动物提供符合它们习性的生活环境，或者说，尽可能为动物提供舒适的居住环境。但是，无论动物园中北极熊的户外活动区有多大，对这些大熊来说，我们的炎炎夏日都不是它们可以忍受的。

因此，仿造出熊生活的自然环境变得越来越重要。为此，有些动物园建造了全新的圈养地。如果一家德国的动物园想要圈养哺乳动物，或者饲养熊类动物，那它就一定要得到附有专家意见的鉴定报告。重要的是，圈养地必须达到一定面积，并且尽量与自然环境相似，例如，一定要有树木和岩石。同样重要的还有，能让熊不受干扰、休息的地方，能够攀爬的设施，和一个可用于游泳、戏水的水池。为了防止熊因为无聊而行为失常，为它们安排日常的游戏也是必要的。比较受欢迎的有寻宝游戏，就是把食物分放或者隐藏在圈养地的各处。被冻在冰块之中的食物也能让熊费上一番功夫，要吃到这些冰冻的美食可不是一件容易的事情呢!

新的圈养地

很多动物园在为它们的动物居民改造甚至新建圈养地，例如德国慕尼黑的海拉布伦动物园。2010 年，这里的北极熊领地扩建到了 2 800 平方米，北极熊的活动区域比之前扩大了 4 倍! 游客们甚至可以观赏到水下的大熊们。

支持物种保护

动物园并不仅仅是让你感受和了解熊的地方，它们也肩负着物种保护的任务。通过科学圈养，它们能避免某些动物的灭绝。甚至在一些特别的育种项目中，来自不同国家的动物园会通力合作。有时，熊为此要从一个动物园搬到另一个动物园去。为了避免混淆，这些动物的来源信息，也就是它们的父母和出生日期，都会被记录在饲养手册中。

不一样的熊

人们不仅能在动物园里观察到熊，在“熊森林”里也可以。许多曾经被饲养者虐待的熊，在熊森林中找到了自己的新家。在四爪动物保护基金会的莫里茨熊森林项目中，有 16 只棕熊可以畅享更宽阔的空间——它们再也不用待在狭小的人工圈养地里，而是可以在拥有森林、草地和河道的广阔区域里嬉闹玩耍。在那里，它们能活动的地方比在动物园里的要大得多。参观者在熊森林里绕上一圈，肯定能见到至少一位这儿的动物居民，还能在不同的展示点对它们有进一步的了解。不过别害怕，参观的道路和圈养地是用栅栏隔开的。比起参观动物园，穿越熊森林是一种完全不同的体验！

今天的动物园再也不这样饲养熊了！

许多动物园也会给浣熊和小熊猫安排一些趣味游戏。大多数游戏是让它们去寻找小零食。

熊森林

在这个位于安霍尔特的熊森林里，亚洲黑熊和棕熊分别有 15 000 平方米和 10 000 平方米的活动范围，它们的生活区域都靠近自然保护区，但是是相互隔开的。这里有很多可以供熊挖掘、攀爬、沐浴和享受的地方。这个熊森林是德国国际熊联合会和德国动物保护协会的合作项目。

寻找熊的足迹

对我们人类来说，熊是非常有趣的动物。因此，我们希望能够尽可能地了解它们。想知道它们究竟是怎么生活的，到底在哪里活动，最好的办法就是直接观察它们。为此，科学家当然可以自己到野外，寻找一只熊进行观察。如果可以做到不被熊察觉，那么他们就可以通过这种跟踪观察，了解到关于熊的一些知识。但是这件事做起来不像听起来那么容易，而且也不是始终可行的。所以，如今的科学家会使用各种技术辅助设备。多亏了这些现代科技，人们才能节省很多时间，并且可以舒适地在远处收集到大量信息——熊现在在什么地方？它们遇见了多少同伴？它们是否总是经过某些地方？接下来，研究人员通常还会使用电脑来好好分析这些数据。

打开照相机！

观察熊的方式之一是使用红外感应相机。科学家会在野外某些固定的地点放置这种特别的相机。比如，放在科学家确定熊无论如何都会经过的地方。这种相机依靠遥控释放器工作。如果有熊靠近相机，它的动作和身体的热量会激活相机中的传感器，相机就会自动拍下照片，就像你按下了快门一样。有些这样的相机甚至可以拍摄经过的熊的影像，这可以给研究人员提供更多的信息。为了不影响熊的自然行为，这种设备用的是特殊的红外闪光灯，这对熊来说几乎是看不见的。红外感应相机有很多优点，通过它们的记录，我们首先可以确认一只熊经过架设照相机的地方的频率，也可以知道大概有几只熊在这个区域生活。

其他辅助工具

还有一种观察熊和其他野生动物的方式，那就是使用带有位置跟踪装置的项圈。给动物们戴上项圈前必须先将它们麻醉。如果使用甚高频信号发射器，那么还需要用天线和基地的接收器才能进行定位。现代的信号发射器通常

你知道吗？

有人在野外固定的位置设置网络直播摄像头去观察熊。这样，人们就能看到熊在野外究竟是怎样生活的了。

寻找大熊猫

1 在寻找大熊猫的过程中，研究机构的工作人员往往会把自己伪装成大熊猫。
2 大熊猫会被装进一只笼子运往工作站。
3 戴有信号项圈的大熊猫被重新放归野外。

在北极熊背后画上数字，这可以帮助它避免在接下来的一年里再次被捕捉。

使用的是 GPS（全球定位系统），就像智能手机和导航系统那样传输数据。有些信号发射器甚至同时装有 GPS 和甚高频信号，并且可以通过电话卡将储存的数据以短信的形式发送给接收者。

这些数据是相当重要的。科学家们通过这种方式，可以在动物没有察觉的状况下了解它们走过的路，它们最爱去的地方，它们是否从一个国家去了另一个国家。不过，这样的信号发射器有一个潜在的问题：如果它们是由电池提供动力的话，人们对熊的追踪也只能止于电池用尽的时候。另外，熊也不用永远戴着这些项圈跑来跑去，人们可以将信号器提前设置好，在指定的时间过后，绑带就会自动脱落。然后，科学家只要重新将它们收集起来就可以了。

信号项圈可以为研究者提供关于动物的重要信息。为了保证动物的安全，项圈上都会有预设的断裂位置。万一熊因为项圈被树枝或者篱笆挂住的话，项圈就会自己掉下来。

红外感应相机通常会被很好地伪装起来，比如，它的外壳可能看起来就像一块木头。因为大部分熊都是夜行性动物，所以大多数熊的照片都是在黑暗中拍摄的。

采访一位熊类动物研究专家

从2002年起，熊类动物学家大卫·比特纳博士多次为了追寻野生棕熊而前往阿拉斯加。截至2016年，他已经访问了12次阿拉斯加，而他和熊相处的时间也已经累计长达26个月！大部分情况下他都是独自在野外工作，不过有时也会有朋友或者家人陪伴他。

为什么您会成为一位熊类动物研究专家？

研究熊只是我的爱好而并非职业。只有少数生物学家能幸运地通过从事熊类研究来维持生计。

熊身上的哪些方面让您喜爱？

熊是非常吸引人的动物，而且极富智慧。每只熊都有自己的特征和它独特的个性。我特别喜欢去发现这些区别，并且用影像和照片记录它们的生活。

您有最喜欢的熊的品种吗？

当然是棕熊了。比较可惜的是，到现在我还没能在野外观察到其他种类的大型熊。

您作为“熊学家”，在追踪熊的时候究竟是如何工作的呢？

因为这只是我的爱好，所以我可以自己安排任务。我会花上很多时间来观察这些动物。在观察的同时，我可能会提出一些非常简单的问题：熊也有右撇子和左撇子之分吗？一只熊一天能抓到多少鱼，又能吃多少鱼？熊与熊之间能相互区分对方吗？

为了解答这些问题，您会持续观察同一批熊吗？

是的。我会在同一个地方待很久，所以我注意到有几只活动区域非常固定的熊。我和它们中的几只建立了一种信任关系，它们不会害怕我，即使我在它们周围也没关系，它们不会感觉受到打扰。有几只熊和我已经相识10年之久了，我还给它们取了名字，比如巴鲁、露尼、尤雅或者布鲁诺。

姓名：大卫·比特纳博士
年龄：44
职业：生物学家

这只年轻的母熊——尤雅，可以和比特纳博士靠得非常近。

当他在野外工作时，他会在自己的宿营地周围竖起电栅栏，以此阻挡好奇的大熊们。

那么您曾经距离熊有多近呢？

人类绝对不可以和熊靠得太近，最少也要保持 50 米的距离。我一般都会坐在一个地方耐心等待。熊自己会决定它要在什么时候用什么方式接近我。和很多其他人不同的是，我会让熊在它们愿意的时候自己到我这里来。露尼是一只我已经认识 10 年的母熊，它经常会朝我这个方向走来，直到和我只有几米的距离。

您有时也会害怕吗？

会的，但如果是像露尼这样和我熟悉的熊我就不会害怕。另外，保持恐惧是一件好事。这种情绪近乎尊敬，人类在这些身形庞大且充满潜在危险的动物面前，是不应该丢失这种敬意的。

您也会使用红外感应相机或者位置跟踪装置吗？

我的工作不需要额外的工具。我研究的是熊的行为，也就是说，我只需要高强度、长时间地观察熊。不过，有些情况下我会对同一只熊进行多年的观察。

您还有什么特别想要研究的吗？

这些我多年观察的熊几乎都没有被研究过。人们完全不知道它们的迁徙情况或者它们在哪里过冬。我的一大梦想就是，可以开展一个真正的熊研究项目，给像露尼这样的熊装上信号项圈，这样我就可以了解到它们是在哪里过冬的，它们是否每个冬天都使用同一个洞穴。

露尼是这位熊类研究专家的最爱。因为有足够的耐心和尊重，比特纳博士才能够与它建立起如此深厚的信任关系。

尤雅正在把玩一台相机，这台相机非常幸运地挺过了这场“磨难”。

在丘吉尔小镇上，饥饿的北极熊正在毫无畏惧地觅食。它们到底能在载货车厢里找到什么呢？

熊与人类

尽管熊是独行动物，并且会尽量和人类保持距离，但有时它们也会带着某个目的接近我们。例如，当它们在人类周围寻找食物而没被人类轰走的时候，或者当它们已不再惧怕人类的时候。

小小的烦恼

有些浣熊会主动寻求和人类亲近，它们现在越来越频繁地出现在城市里。它们会在人类的花园、仓库或者屋顶上生活，会借助紧靠房子的树木、雨水槽爬上屋顶，或者通过掀掉屋顶的瓦片爬进屋子。在进屋子的过程中，它们会搞不少破坏，比如，它们会把建筑上的一些小洞弄大，以便自己通过。在户外，这些四足动物也够让人恼火的。它们把垃圾桶和果树洗劫一空，在烟囱里钻来钻去，而且不会轻易被吓走。如果不想和浣熊成为邻居，那就需要对房子好好进行一番防浣熊处理。有很多方法和窍门可以防止浣熊入侵，比如在烟囱上加上栅栏——这么一来，进屋子的路就被堵上了。

禁止喂食

现在，一些大型熊也不总是回避我们了：聪明的美洲黑熊就意识到，国家公园的来访者可以为它们带来稳定的食物来源。因为人们会带上很多吃的，所以它们完全可以靠人们剩下的食物吃饱。它们还学会了在人类的露营点附近寻找食物，甚至会翻找垃圾桶并靠近汽车和帐篷。为了避免这种危险的情况发生，国家公园的游客们不应该遗留任何吃剩的食物，更不应该主动喂食熊！

你知道吗？

如果在野外生活的熊举止异常，并且造成了很多破坏和损失，那它就会被认为是“问题熊”。

在帐篷宿营地，熊能很轻易地找到食物，因为观光客们往往不会把食物贮藏得很隐蔽。

在寻找美食的路上，垃圾桶可挡不住浣熊。

北极熊的首都

北极熊只在极少数地方会穿越人类的栖居地。比如位于加拿大的内海哈得孙湾的丘吉尔镇，一个大约只有 900 个居民的小镇。据估计，每年大约有 900 只北极熊会在 10 月和 11 月经过这里，因为它们想要从内陆返回冬季结冰的海洋上捕猎海豹。这对所有北极熊爱好者来说，无疑是震撼人心的场面，毕竟人们在其他地方几乎不可能如此近距离观察到这些“北极之王”。不过，对丘吉尔镇的居民们来说，这意味着他们要特别小心。为了能在紧急情况下立刻找到躲避的地方，通常他们不会锁住自己的汽车和房子。因为并不是所有北极熊都能被警示性的枪声或类似的东西吓走，所以他们还设计了一种“北极熊监狱”。他们会麻醉北极熊，逮住它们，然后把它们关进有特别饲养设施的空调房间里。在那里，北极熊会被单独囚禁起来，并且被强迫节食。人们希望通过这种方式，让它们学会回避这个小镇。大概这样 30 天后，一架直升机就会把被囚禁的北极熊带到远离丘吉尔镇的野外放生。

如果你真的在野外遇到了一只大熊该怎么办呢？这里有一些小贴士，告诉我们该如何避免这种情况，或者应该怎样行动：

▶ 在熊出没的区域请大声说话、唱歌或者吹口哨，这能让熊听到你的声音并且避开。通常情况下，熊都会避免和人类接触。在衣服或背包上绑上防熊铃铛，这也能起到让熊听见的效果。

▶ 请走大路，并与同伴结伴而行！

▶ 如果有熊出现的话，不要恐慌，并且千万不要逃跑！熊比你要跑得快得多。如果你开始逃跑，这可能会唤醒它的捕猎本能。

▶ 要避免移动太快，要大声且平静地讲话，向熊表明你对它不是威胁。

▶ 遇见了幼熊怎么办？在熊妈妈出现之前，一定要慢慢地离开，因为熊妈妈会不顾一切地保护它的孩子。

▶ 如果熊真的发动了攻击，你可以使用防熊喷雾——一种类似胡椒喷剂的东西，这或许能帮助你吓走它。

防熊铃铛

在靠近森林的道路上，尤其是在加拿大和美国，人们很有可能会遇到熊。

在美国和加拿大的国家公园中，有告示牌警告人们不要投喂熊。

著名的熊

为了弗洛克的安全，它被动物园从妈妈身边带走，由人工抚养长大。

你一定曾经听说过一些熊的名字。它们要么是动物园中的明星和媒体的宠儿，要么是你在新闻头条中读到过有关它们野生生活的消息。

克努特

2006年12月，柏林动物园有一只小北极熊出生了，这在德国的媒体中引起了极大的轰动。人们为它起名为“克努特”。然而，它的妈妈并没有照顾它。因此，动物饲养员托马斯·德夫莱担起了照顾克努特的重任。托马斯临危受命，马上扮演起了养父母的角色，夜以继日地照顾这只小北极熊。几个月后，好奇的动物园参观者们才有幸第一次见到了克努特。它慢慢地长成了一只大北极熊。不幸的是，它的饲养员托马斯·德夫莱在2008年去世了。如今，克努特也已经离开了这个世界，它于2011年3月突然死亡。

弗洛克

2007年，一只雌性小北极熊在纽伦堡动物园出生了。人们给它取名为弗洛克。与克努特不同的是，虽然弗洛克的妈妈没有拒绝喂养它，但动物园的工作人员却非常担心这位熊妈妈对待孩子的方式会伤到弗洛克。因此，它与妈妈被动物园分开，由饲养员抚养长大。2008年4月9日，对所有弗洛克的粉丝来说，这是一个有纪念意义的日子，在这一天，他们第一次在弗洛克的圈养地看到了这只小北极熊。

2008年12月，弗洛克的一位动物玩伴住进了纽伦堡动物园。它来自莫斯科，名叫“拉斯普京”，是和弗洛克差不多大的雄性小北极熊。在拉斯普京适应了动物园的环境后，这两只小北极熊于2009年1月见面了。2010年4月，它们离开了纽伦堡动物园，一起搬到了位于法国的新家昂蒂布海洋主题公园。在2014年11月26日这一天，弗洛克自己也当上了妈妈——它的北极熊宝宝出生了！熊宝宝的爸爸就是拉斯普京。

弗洛克把拉斯普京视作最棒的玩伴和伴侣。

弗洛克充满爱意地照顾着它的女儿，从不让女儿离开自己的视线。

刚出生的克努特待在温暖的保育箱中。

他的饲养员

托马斯·德夫莱一直陪伴在小熊身边，从没有离开过。

虽然出生后遭遇了重重险阻，但是克努特依然成长为了一只高大强壮的北极熊。

布鲁诺

虽然在欧洲生活着不少棕熊，但德国已经很久没有野生棕熊的足迹了。不过，有一只代号为“JJ1”的棕熊，以“布鲁诺”这个名字为人所熟知。布鲁诺在 2006 年春天从意大利向北进发，很长一段时间都在德国的巴伐利亚州和奥地利的边境来回游荡。最终，它来到了巴伐利亚州。它滥杀羊群、擅闯牲畜圈舍的行为激怒了当地的人们，它被判定为“问题熊”。人们试图对它展开围捕却以失败告终。布鲁诺的结局令人悲伤：在经过多次讨论后，布鲁诺于 2006 年 6 月被射杀而亡。

熊是最受欢迎的徽章动物形象，左图为柏林市的市徽。

美国加利福尼亚州的州旗上有一只灰熊。

有关熊的德国谚语

像熊一样饿

因为熊特别高大强壮，所以在德语中，熊这个字经常被用来表示一种增多、变强的意思。如果有人说自己像熊一样饿，这就表示他真的已经非常饿了。

熊在这里跳踢踏舞

从前，当马戏团来到一座城市，或者城市里举办集会时，通常都会有跳舞熊出场。因此，熊后来也象征着有重大事件发生，或者城市里热闹非凡的气氛。

给某人背上绑只熊

这个谚语的出处有很多不同的版本。其中一种解释是：这是一种状态，如果给一个人背上绑上熊那么大的东西，他是不可能不被发现的。所以，这个谚语在德语中的意思是：显而易见的谎言。

干熊事

这个谚语源自一个寓言故事。故事里，一只熊想要为一个园丁赶走他脸上的飞虫。于是，它往园丁的脸上扔了一块石头，结果不小心把园丁给砸死了。所以，“干熊事”在德语中意味着人们好心办坏事的情况。

名词解释

小熊猫虽然看上去娇小玲珑，但它可不是毛绒玩具或者家养宠物！

杂食动物：既吃植物也吃动物的动物。

物种保护：将一些特定的植物和动物列为保护对象。人们想要通过这种方式确保这些物种的存续。

红外感应相机：一种通常被伪装起来的相机，在探测到物体的动作时会拍下照片，有的时候也会装配热量传感器来触发拍摄。

GPS：全球定位系统的英文简称。GPS 设备可以通过卫星提供准确的地理位置，或者给出去某一特定地点的路线。

有抓握功能的动物尾巴：可以在攀爬时作为一只附加的“手”来使用，特别灵活有力。蜜熊是唯一拥有这种尾巴的熊。这种尾巴可以帮助它们在树枝间跳跃。

熊科动物：哺乳纲动物中的一类，属于食肉目下的一科，包括 8 种不同的熊。

洞　熊：一种大约在 27 000 年之前灭绝的熊，体长可达 3.5 米。

小猫熊：小熊猫的别称。很多研究学者认为小熊猫属于单独的科目，但它们和熊科、浣熊科的动物有很近的亲缘关系。

浣熊科：哺乳纲动物中的一类，属于食肉目下的一科。

短面熊：今天的熊科动物中几乎灭绝的一个亚科。这个亚科中唯一存活的熊种是眼镜熊。

臼　齿：用来研磨食物的后槽牙。

夜行性：动物白天睡觉、夜间活动的习性。

位置跟踪装置：一种定位设备，如果给一只动物装上位置跟踪装置，人们就能准确地知道它的位置。

“问题熊”：举止异常，对人造成威胁的野生熊。

伪拇指：大熊猫和小熊猫的第二根大拇指，也被称为第六根“手指”。它由腕关节处一根突出的骨头组成，可以辅助抓取物品。

食肉动物：泛指捕猎其他动物并以它们的肉为食的动物，同时也指哺乳纲动物中的一个目——食肉目。

领　地：被动物个体或群体视作生活空间的一片区域，动物通常会为了保卫这个区域而攻击入侵者。

濒危物种红色名录：记录濒危动物和植物的清单。根据濒危程度，它们会被归入不同的保护级别当中。

哺乳动物：脊椎动物中的一种，胎生且用乳汁哺育后代。

跖行动物：在行走时，从脚趾到脚后跟都着地的动物。熊是跖行动物中的一种。

昼行性：动物白天活动、夜间睡觉的习性。

冬　休：一些动物会进行冬休，在冬休时，它们的一部分身体机能，例如呼吸和心跳的速度，会变缓。动物在冬休时经常会苏醒过来，有时也会出去寻找食物。尽管如此，在冬休前的秋季，它们还是会先储存一层脂肪。

冬　眠：一些动物会进行冬眠，在冬眠时，它们的体温会大幅下降，心跳也会变慢。它们在冬眠时会偶尔苏醒，但不会进食。

脊椎动物：指有脊椎骨的动物。属于脊椎动物的有鸟类、哺乳动物、爬行动物、两栖动物、鱼类——还有我们人类。

图片来源说明/images sources:

Aktion Bärenkinder e.V.: 4中左(NoemiTröster), 5中下(Noemi Tröster), 5中右(InesBaur), 5左上; Archiv Tessloff: 3中下, 6左下, 18中右, 47上; Bittner, Dr. David: 42-43背景图, 43右上, 43左下, 43右下, 43左上(alle: B.C.Productions GmbH/www.davidbittner.ch); depositphotos:8中右(michaklootwijk), 9上中(LuaAr), 9右上(AndreAnita), 9中下(Miraswonderland), 23中下(izanbar); Dreamstime LLC: 34右下(Krezofen); Getty: 18右上(Fred Bruemmer), 26中下(Fred Bruemmer), 35中右(Images from BarbAnna); HARIBO GmbH & Co. KG: 10右下; Nature Picture Library: 3中右(Roland Seitre), 17中下(Eric Dragesco), 24右上(Axel Gomille), 27中(AndyRouse), 33右上(Roland Seitre); picture alliance: 2左下(Dave Watts/NHPA/photoshot), 3右上(C. Huetter/blickwinkel), 7左上(Anne McKinnell/All CanadaPhotos), 8右上(A. Mertiny/WILDLIFE), 8中下(H. Reinhard/Arco Images GmbH), 9左上(Art Wolfe/SAVE/Okapia), 9中左(TUNS/Arco Images GmbH), 10上中(DaveWatts/NHPA/photoshot), 11左上(Fotofeeling/Westend61), 13中左(S. Muller/WILDLIFE), 13右下(Reiner Bernhardt), 16左上(S. Muller/WILDLIFE), 17左上(W.Layer/blickwinkel), 17右上(Rolf Hicker/All Canada Photos), 19右上(Patrick Pleul/dpa-Zentralbild), 20左下(Katherine Feng/Minden Pictures), 21右上(KatherineFeng/Minden Pictures), 23右上(P. Oxford/WILDLIFE), 23右下(D. J. Cox/WILDLIFE), 27右上(Friso Gentsch/dpa), 27左下(Photoshot), 27中左(Katherine Feng/MindenPictures), 27右下(I. Bartussek/Arco Images GmbH), 28左下(R. Hoelzl/WILDLIFE), 29中右(P. Oxford/WILDLIFE), 29右下(M. Watson/Ardea/Mary Evans PictureLibrary), 30中右(M. Delpho/Arco Images GmbH), 32背景图(Michael H. Francis/OKAPIA), 33右下(Adrian Hepworth/NHPA/photoshot), 35右上(C. Huetter/blickwinkel), 35右下(Fritz Pölking/OKAPIA), 36左下(M. Silverberg/TRAFFICSoutheast Asia/dpa), 36右下(MARTIN HARVEY/Balance/Photoshot), 37左上(M.Carwardine/WILDLIFE), 38右上(Herbert Neubauer/epa apa/dpa), 38左下(Sven Hoppe/dpa), 39中(Holger Hollemann/dpa-Fotoreport), 39下(HorstOssinger/dpa-Fotoreport), 40左下(Chen Xie/cxy/Photoshot), 40中下(Chen Xie/cxy/Photoshot), 40右下(ChinaFotoPress/MAXPPP/dpa), 41左上(D. J. Cox/WILDLIFE), 41右上(D.J.Cox/WILDLIFE), 41左下(Petra Reinken/dpa), 41右下(Veronika Grünschachner-Berger/WWF/dpa), 44上(Fritz Pölking/Okapia), 44左下(G. Delpho/WILDLIFE), 44右下(Michael DeYoung/Design Pics/AlaskaStock), 45左下(H.Schulz/blickwinkel), 45右下(Westend61/Fotofeeling), 46右上(Daniel Karmann), 46中右(Tiergarten Stadt Nürnberg/dpa), 46中左(PeterGriesbach/dpa/lbn), 46左下(Wolfgang Kumm/dpa/lbn), 46中下(Sascha Radke), 46右(Lionel Cironneau/AP Photo); Schmeling, Michael(www.aridocean.com): 4右下; Shutterstock: 1(Hung Chung Chih), 2右下(Fotokon), 2上中(EwanChesser), 3中左(Erik Mandre), 4-5背景图(Anton_Ivanov), 6右上(Scott E Read), 8-9背景图, 26-27背景图, 36-37背景图(Roberaten), 8上(IndianSummer), 9左下(kunanon), 9中(apple2499), 9中右(Anan Kaewkhammul), 12-13背景图(Erik Mandre), 12右上(BGSmith), 13中右(esp2k), 14l(loflo69), 15左上(Martin Michael Rudlof), 15右上(l i g h t p o e t), 15左下(Maquiladora), 16左下(Ewan Chesser), 16背景图(canadastock), 18-19背景图(Yegor Larin), 18左下(Fotokon), 19中(Vladimir Melnik), 19左下(TheGreenMan), 19右下(chbaum), 22中下(Ian Maton), 23左下(Lighttraveler), 24左下(NaturesMomentsuk), 25右上(Anan Kaewkhammul), 25中下(Molly Marshall), 26右上(Erik Mandre), 28右上(Sebastian Jakob), 29右上(Gecko1968), 29左下(ErikMandre), 30上(Holly Kuchera), 31右上(Paul Reeves Photography), 31左下(Christian Colista), 31中下(Serega K Photo and Video), 34左上(Pablo SebastianRodriguez), 34右上(l i g h t p o e t), 34中(cpaulfell), 35背景图(jim808080), 35左下(Hung Chung Chih), 35中下(Volodymyr Goinyk), 36上(FloridaStock), 37右下(Rich Carey), 39右上(Amnaj Kulsuthidamrongporn), 45中右(B Calkins), 47中右(Creative Photo Corner), 48右上(Eric Isselee); Thinkstock: 2中下(irakite), 7上中(alisontoonphotographer), 7左下(Betty4240), 8中(Christian Musat), 8左下(Musat), 8右下(Lynn_Bystrom), 10左下(prill), 11右上(rbiedermann), 11左下(pilipenkoD), 11中右(PlazacCameraman), 12中右(Purestock), 15右下(Jupiterimages), 20右上(gutang), 20下(irakite), 21左上(SteveFrid), 22左上(SeventhDayPhotography), 22中右(chrisbrignell), 24-25背景图(quickshooting), 25左下(badins), 25右下(wrangel), 26左下(Richard Nelson), 37右上(Tamas-V), 47上中(armvectur); Wikipedia: 4左下(Modzzak), 7中右(Nucomu), 22左下(Maximilian Helm/Flickr), 33左上(Dick Culbert); WWF International ®: 21中右

封面图片: Shutterstock: U1(Karel Bartik), U4(Geoffrey Kuchera)

设计: independent Medien-Design

内 容 提 要

本书介绍了大熊猫、北极熊、浣熊等熊类动物的生理特征与生活习性，揭秘熊类动物的日常生活，展示了熊类动物面临的生存危机，唤醒我们对动物的保护意识，保护它们的栖息地，拯救它们的生命。《德国少年儿童百科知识全书•珍藏版》是一套引进自德国的知名少儿科普读物，内容丰富、门类齐全，内容涉及自然、地理、动物、植物、天文、地质、科技、人文等多个学科领域。本书运用丰富而精美的图片、生动的实例和青少年能够理解的语言来解释复杂的科学现象，非常适合7岁以上的孩子阅读。全套图书系统地、全方位地介绍了各个门类的知识，书中体现出德国人严谨的逻辑思维方式，相信对拓宽孩子的知识视野将起到积极作用。

图书在版编目（CIP）数据

熊的秘密生活 /（德）雅丽珊德拉·麦耶儿著 ; 马佳欣译. -- 北京 : 航空工业出版社, 2022.10
（德国少年儿童百科知识全书 : 珍藏版）
ISBN 978-7-5165-3031-3

Ⅰ. ①熊… Ⅱ. ①雅… ②马… Ⅲ. ①熊科—少儿读物 Ⅳ. ①Q959.838-49

中国版本图书馆CIP数据核字（2022）第075181号

著作权合同登记号
图字 01-2022-1239

BÄREN Grizzly, Panda, Eisbär
By Alexandra Mayer

熊的秘密生活
Xiong De Mimi Shenghuo

航空工业出版社出版发行
（北京市朝阳区京顺路5号曙光大厦C座四层 100028）
发行部电话：010-85672663 010-85672683

鹤山雅图仕印刷有限公司印刷 全国各地新华书店经售
2022年10月第1版 2022年10月第1次印刷
开本：889×1194 1/16 字数：50千字
印张：3.5 定价：35.00元

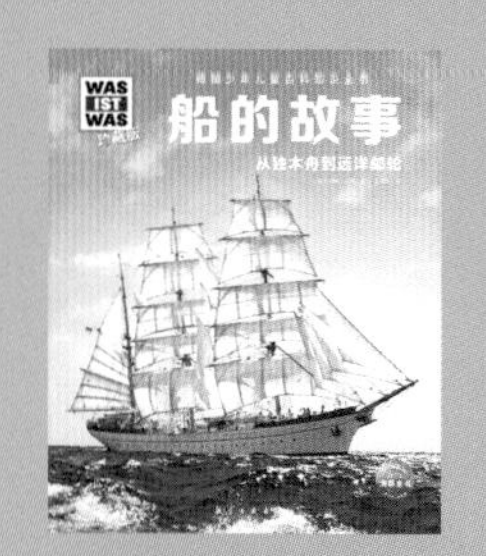
船的故事
从独木舟到远洋邮轮

飞机的秘密
人类飞行的梦想

火山探秘
来自地球的火焰

七大奇迹
上古时期的宝藏

汽车世界
精彩的汽车发展史

鲨鱼家族
海洋里的凶猛猎手

百变天气
阳光、风和暴雨

穿越大自然
探究与保护

鲸和海豚
海洋里的哺乳动物

恐龙王国
永远消失的地球霸主

矿物与岩石
闪闪发亮的宝藏

爬行与两栖动物
壁虎、林蛙和巨蜥

大自然的力量
难以估量的威力

改变世界的电
高电压与超导体

各种各样的鱼
水下的奇妙世界

猫的家族

奇境森林
动物和植物的天堂

忠诚的狗

浩瀚宇宙
宇宙的秘密

狼的故事

蚂蚁和白蚁
了不起的建筑师

美丽的蝴蝶
色彩斑斓的自然精灵

蜜蜂和胡蜂

潜水的魅力

古老的希腊文明

古罗马生活
古罗马城的社会百态

欧洲风情
人口、国家和文化

骑士时代

舞动的音符

古老的城堡
中世纪的见证

熊的秘密生活

化石档案
生命的痕迹

奇妙的昆虫

极地世界
生活在冰雪王国

神秘的蜘蛛
丝线上的猎手

大象王国
温和的“巨人”

海底宝藏
沉没的宝藏
2023
NEW

海洋之谜
海洋研究与保护
2023
NEW

火星登陆
红色星球定居计划
2023
NEW

忙碌的农场
动物、植物与农业机械
2023
NEW

时尚魅影
时尚的古与今
2023
NEW

全球气候
冰期和气候变化
2023
NEW